U0138721
從家常菜升級到餐廳美味
大廚不外傳の
黃金比例
調醬祕訣
571

目錄

燒烤、煎炒

蒸、煮

炸物

麵

鍋物

沙拉、副菜

本書的活用方法

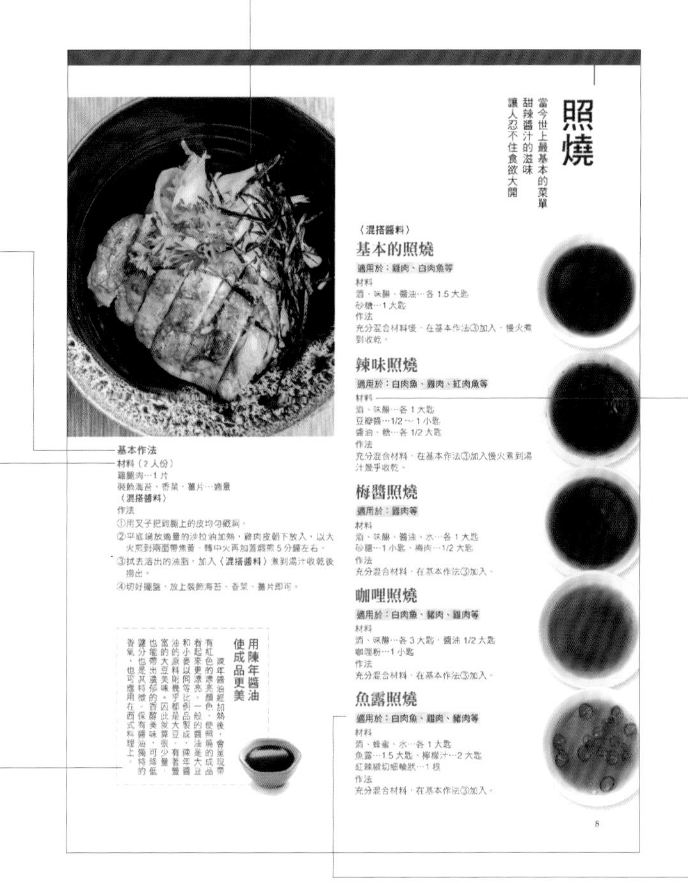

照燒

當今世上最基本的菜單
甜辣醬汁的滋味
讓人忍不住食欲大開

基本作法
材料（2人份）
雞腿肉…1片
裝飾海苔、香菜、薑片…適量
〈混搭醬料〉
作法
①用叉子把雞腿上的皮均勻戳洞。
②平底鍋放適量的沙拉油加熱，雞肉皮朝下放入，以大火煎到兩面帶焦黃，轉中火再加蓋燜煎5分鐘左右。
③拭去溶出的油脂，加入〈混搭醬料〉煮到湯汁收乾後撈出。
④切好擺盤，放上裝飾海苔、香菜、薑片即可。

用陳年醬油使成品更美

陳年醬油經加熱後，會呈現帶有紅色的漂亮顏色，使照燒的成品看起來更漂亮。一般的醬油是大豆和小麥以同等比例品製成，陳年醬油的原料則幾乎都是大豆，有著豐富的大豆美味。因此就算很少量，也能帶出濃郁的香醇美味，可降低鹽分也是其特徵。保有醬油獨特的香氣，也可應用在西式料理上。

〈混搭醬料〉
基本的照燒
適用於：雞肉、白肉魚等
材料
酒、味醂、醬油…各1.5大匙
砂糖…1大匙
作法
充分混合材料後，在基本作法③加入，慢火煮到收乾。

辣味照燒
適用於：白肉魚、雞肉、紅肉魚等
材料
酒、味醂…各1大匙
豆瓣醬…1/2～1小匙
醬油、糖…各1/2大匙
作法
充分混合材料，在基本作法③加入慢火煮到湯汁幾乎收乾。

梅醬照燒
適用於：雞肉等
材料
酒、味醂、醬油、水…各1大匙
砂糖…1小匙、梅肉…1/2大匙
作法
充分混合材料，在基本作法③加入。

咖哩照燒
適用於：白肉魚、豬肉、雞肉等
材料
酒、味醂…各3大匙，醬油1/2大匙
咖哩粉…1小匙
作法
充分混合材料，在基本作法③加入。

魚露照燒
適用於：白肉魚、雞肉、豬肉等
材料
酒、蜂蜜、水…各1大匙
魚露…1.5大匙、檸檬汁…2大匙
紅辣椒切細輪狀…1根
作法
充分混合材料，在基本作法③加入。

8

完成照

有時會添加基本作法未標示的擺飾和配菜，請依個人喜好加以準備。

基本作法

基本的製作程序，利用〈〉內混搭調味料，可享受各種不同的味覺變化。

分量

基本作法會標示2人份或4人份等方便烹調的分量，若未特別註明時，則以基本的食譜的人數為準，醬料的分量請視必要加以斟酌。

專欄

針對調味料的原料，記載有助於烹調的素材或調味料的相關小常識。

混搭調味料的材料與作法

記載混搭調味料的材料與作法，以及其活用方法。若未特別標記烹調順序，則以基本作法為準則。

適合的食材

記載於有特別適合的食材的醬料。

高湯

「高湯」若未特別標註，一般是指用昆布和柴魚熬出的日式高湯。高湯粉或高湯塊選擇西式高湯；若為中式料理，基本上則使用雞高湯或雞高湯塊(粉)。若食譜上未特別註記，使用市售高湯粉或高湯塊時，請依照包裝上的標示進行溶解或稀釋。

分量的標示

1大匙為15ml、1小匙為5ml、1杯為200ml。煮飯時的一杯米則為180ml。大蒜、薑的一瓣，以拇指最前端的大小為標準。

調味料

若未特別標示調味料時，醬油為一般醬油，砂糖為白糖，味噌則指信州味噌。

微波爐的標示

微波爐的加熱時間，以500W的功率為標準。加熱時間會因機種而異，請視狀況增減。

太白粉水

太白粉水若未特別註記時，則指2倍的水稀釋太白粉而成的混合液。

燒烤、煎炒

照燒

當今世上最基本的菜單
甜辣醬汁的滋味
讓人忍不住食欲大開

基本作法

材料（2 人份）
雞腿肉…1 片
裝飾海苔、香菜、薑片…適量
〈混搭醬料〉

作法

①用叉子把雞腿上的皮均勻戳洞。
②平底鍋放適量的沙拉油加熱，雞肉皮朝下放入，以大火煎到兩面帶焦黃，轉中火再加蓋燜煎 5 分鐘左右。
③拭去溶出的油脂，加入〈**混搭醬料**〉煮到湯汁收乾後撈出。
④切好擺盤，放上裝飾海苔、香菜、薑片即可。

用陳年醬油使成品更美

陳年醬油經加熱後，會呈現帶有紅色的漂亮顏色，使照燒的成品看起來更漂亮。一般的醬油是大豆和小麥以同等比例品製成，陳年醬油的原料則幾乎都是大豆，有著豐富的大豆美味。因此就算很少量，也能帶出濃郁的香醇美味，可降低鹽分也是其特徵。保有醬油獨特的香氣，也可應用在西式料理上。

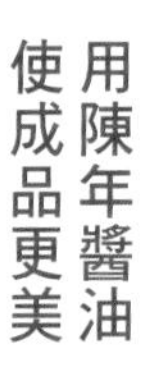

〈混搭醬料〉

基本的照燒

適用於：雞肉、白肉魚等

材料
酒、味醂、醬油…各 1.5 大匙
砂糖…1 大匙
作法
充分混合材料後，在基本作法③加入，慢火煮到收乾。

辣味照燒

適用於：白肉魚、雞肉、紅肉魚等

材料
酒、味醂…各 1 大匙
豆瓣醬…1/2 ～ 1 小匙
醬油、糖…各 1/2 大匙
作法
充分混合材料，在基本作法③加入，慢火煮到湯汁幾乎收乾。

梅醬照燒

適用於：雞肉等

材料
酒、味醂、醬油、水…各 1 大匙
砂糖…1 小匙、梅肉…1/2 大匙
作法
充分混合材料，在基本作法③加入。

咖哩照燒

適用於：白肉魚、豬肉、雞肉等

材料
酒、味醂…各 3 大匙、醬油 1/2 大匙
咖哩粉…1 小匙
作法
充分混合材料，在基本作法③加入。

魚露照燒

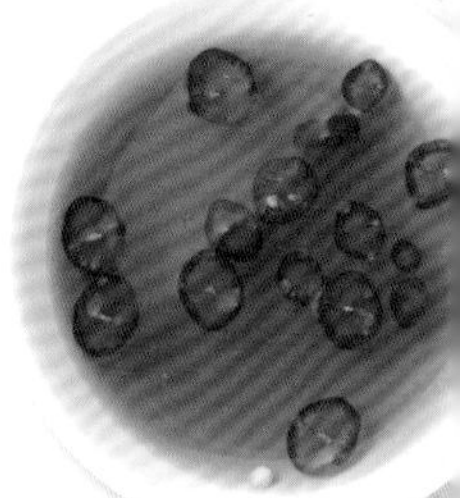

適用於：白肉魚、雞肉、豬肉等

材料
酒、蜂蜜、水…各 1 大匙
魚露…1.5 大匙、檸檬汁…2 大匙
紅辣椒切細輪狀…1 根
作法
充分混合材料，在基本作法③加入。

紙包燒

就在打開鋁箔紙的瞬間
幸福的香氣
馬上飄逸散發出來

〈燒烤醬料〉

基本的紙包燒

適用於：白肉魚

材料
醬油、奶油…各 1 大匙
白酒…2 大匙

作法
醬油、白酒和奶油混合，加入基本作法②中，淋在蔬菜和菇類上面。

芝麻味噌燒

適用於：白肉魚

材料
味噌…2 大匙、砂糖…1 大匙
高湯或水…2 小匙、白芝麻粉…1 小匙
鹽、沙拉油…各少量

作法
材料拌勻後，在基本作法②中加入。

檸檬鹽燒

適用於：雞肉等

材料
蔥末…1 大匙、檸檬汁…1/2 大匙
蒜泥、芝麻油…各 1/2 小匙
鹽…1 小匙、粗粒黑胡椒粉…適量

作法
材料拌勻後，在基本作法②中加入。

〈蘸料〉

梅醬

適用於：白肉魚、魚貝類等

材料
梅肉…1 個、高湯…1/3 杯
醬油、醋…各 1 小匙
太白粉水…2 小匙 (太白粉 1：水 1)

作法
梅肉放入小鍋，加入高湯、醬油、醋拌勻。開小火待沸騰後加入太白粉水，湯汁變黏稠則熄火，在基本作法③中加入。

檸檬醬油醬

適用於：雞肉、白肉魚等

材料
高湯、檸檬汁…各 2 小匙、醬油…1 小匙

作法
材料拌勻後，在基本作法③中添加。

基本作法

材料（2 人份）
蝦…2 隻
蛤蜊…2 個
扇貝柱…2 個
鴻喜菇…1/8 包 (15g)
花枝…1 杯
大蒜…2 瓣
鹽、胡椒粉…各適量
沙拉油…適量
〈**燒烤醬料**〉
〈**蘸料**〉

作法
①蝦去腸泥、洗淨後拭去水分，撒上適量鹽。花枝去膜，切成適口大小，撒上適量鹽。扇貝柱撒上適量鹽。把鴻喜菇根部去除、蛤蜊吐沙後洗淨。
②攤開鋁箔紙，在中央塗上適量的沙拉油，將所有食材放在上面，淋上〈**燒烤醬料**〉、撒適量胡椒粉後包起來。
③放入以 200℃預熱好的烤箱中，烘烤 10～15 分鐘，倒入〈**蘸料**〉即完成。

串燒

利用各種醬料變化
帶出基本小吃的
絕妙口感與多重樂趣

基本作法

材料（2 人份）
雞腿肉…1 片
蒜泥…1/4 瓣
水…1.5 大匙
奶油…1 小匙
〈串燒醬〉

作法

①雞腿肉切成適口大小後放進碗裡，加入蒜泥、水，以及放室溫軟化的奶油一起搓揉，靜置至少 15 分鐘。

②以 3 個一組將雞肉插在竹籤上，皮的部分塗抹少量沙拉油（分量外），放在烤架上以大火烤到表皮焦脆。

③擺盤，添加對切的檸檬片和**〈串燒醬〉**。

雞肉丸的作法

材料（2 人份）
雞絞肉…200g
蔥末…1/4 根
薑末…1 小匙
麵粉…1/2 大匙
鹽…少量
〈雞肉丸的醬汁〉

作法

①雞絞肉加入蔥末、薑末、麵粉、鹽拌勻，分成 12 等分，中央部壓扁。

②平底鍋加入 1 小匙沙拉油加熱，放入揉圓的絞肉排好，用中火煎約 2 分鐘，待大致熟透後翻面再煎 2 分鐘左右。加入**〈雞肉丸的醬汁〉**，煮到湯汁收乾。

雞肉丸的醬汁

適用於：雞肉、豬肉等

材料
醬油、味醂…各 4 大匙
砂糖…1 大匙
作法
將材料放進鍋內加熱，煮滾後關小火再煮約 10 分鐘，即可。

〈串燒醬〉

辣味味噌醬

適用於：雞肉、豬肉等

材料
味噌…1 大匙、醋…1/2 大匙
豆瓣醬、砂糖…各 1/2 小匙
鹽…少量、沙拉油…1 小匙
作法
所有材料拌勻即可使用。

沙嗲醬

適用於：雞肉、豬肉、根莖類等

材料
花生奶油（無糖）、椰奶…各 1 大匙，白芝麻粉、中濃醬…各 1/2 大匙，醬油、蔗糖、檸檬汁…各 1/4 小匙，蒜泥、薑泥…各 1/4 瓣，鹽…少量，乾紅辣椒…1 根
作法
乾紅辣椒泡水復原，洗淨後去除蒂和種籽再切碎。將所有材料放進碗裡拌勻。

美乃滋醬

適用於：牛肉、雞肉、魚貝類等

材料
美乃滋…2 大匙
原味優格…1 大匙
蒜泥、鹽、胡椒粉…各適量
作法
所有材料拌勻即可使用。

辣味醬

適用於：牛肉、雞肉等

材料
醋…2 大匙、砂糖…2 小匙
醬油、辣豆瓣醬…各 1 小匙
芝麻油…1/2 小匙
蒜泥…適量
作法
所有材料拌勻即可使用。

烤肉

動手自己做醬料
可以讓家裡的烤肉
口感與美味大大升級

〈醃料〉

醬油基底

適用於：雞肉等

材料
醬油…2 大匙、紅酒、蘋果泥…各 1 大匙
蜂蜜、芝麻油…各 1 小匙、胡椒粉…少許
作法
所有材料拌勻後醃肉。

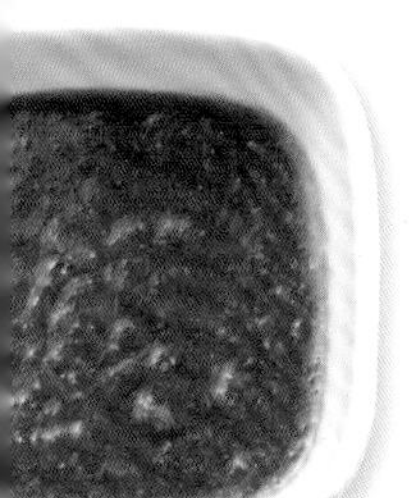

味噌基底

適用於：豬肉等

材料
味噌、醬油、味醂、砂糖、芝麻油、
白芝麻粉…各 1 大匙
蒜末…1 小匙、醋…1/2 大匙
辣椒粉、胡椒粉…各少量
作法
所有材料拌勻後做為醃肉用。

芝麻油・大蒜基底

適用於：牛肉等

材料
醬油、酒、芝麻油…各 2 大匙
砂糖、蘋果汁、紅酒…各 1 大匙
白芝麻粒…1.5 大匙、蒜泥…1 小匙
八角、辣椒、胡椒粉…各少量
作法
所有材料拌勻後做為醃肉用。

番茄醬基底

適用於：豬肝等

材料
番茄醬…4.5 大匙
辣醬油…1 大匙、酒…2 小匙
沙拉油…2 小匙、乾紅辣椒…2 根
洋蔥…1/3 片
青椒…1/2 個、大蒜…1/2 瓣
作法
材料洗淨。洋蔥、青椒輪切，大蒜切成薄片，所有材料拌勻後即可醃肉。

〈蘸料〉

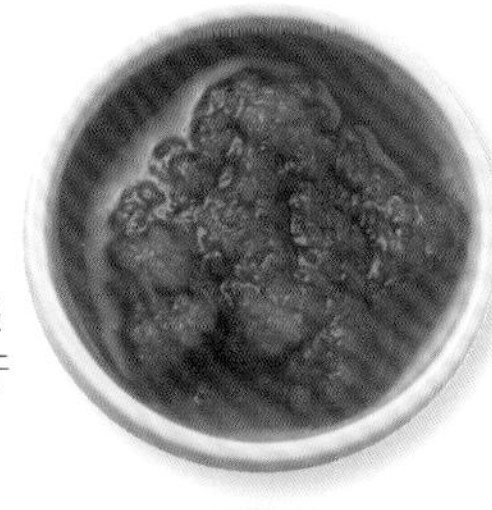

蘿蔔泥醬

材料
高湯、醬油、柑橘醋…各 1.5 大匙
蘿蔔泥…1/2 杯
作法
把蘿蔔泥濾掉多餘的水分，並將所有材料拌勻。

甜辣醬

材料
醬油、韓式辣椒醬…各 1.5 大匙
酒、砂糖、蔥末、蘋果汁…各 1 大匙
白芝麻粒…1/2 大匙、芝麻油…2 小匙
薑汁、蒜泥、檸檬汁…各 1 小匙
胡椒粉…少許
作法
所有材料拌勻即可使用。

鹹味醬

材料
鹽、蒜泥…各 1 小匙
蔥末…2 大匙
芝麻油…1 大匙、粗粒黑胡椒粉…少量
作法
所有材料拌勻即可使用。

番茄醬

材料
西式高湯、醬油…各 1/4 杯
辣醬油、番茄醬、辣油…各 1 大匙
作法
所有材料拌勻即可使用。

辣椒醬

材料
醬油、柑橘醋…各 1/4 杯
辣味番茄醬（Chili Sauce，市售品）、
酒…各 1 大匙
味醂…2 小匙
作法
所有材料拌勻即可使用。

荷包蛋

醬油、調料很常見
加入特調醬料
就能別有一番風味

基本作法

材料（1 人份）

蛋…1 個

作法

①把雞蛋放在室溫回溫，打蛋將蛋液放進碗裡。

②平底鍋放沙拉油以中火加熱，待油熱後轉成小火。

③緩緩將碗裡的蛋液倒入鍋裡，煎 3～4 分鐘，待蛋黃周邊的蛋白凝固後即完成。如果只煎單面，則還要加熱約 3 分鐘。撒上喜歡的**〈特調醬料〉**再享用。

松露鹽帶來奢華氣氛

松露在歐洲是備受歡迎的季節性高檔食材，也是世界三大美味之一。松露鹽和蛋是絕配，一瓶約700日幣起跳。也能應用在沙拉、炸馬鈴薯、義大利麵等食物。只要輕輕撒一下，平淡無奇的荷包蛋立刻變身高檔美味。

〈特調醬料〉

辣味美乃滋

材料（容易製作的分量）
美乃滋…4 大匙
黃芥末醬…1/2 小匙
鹽、胡椒粉…各少量
作法
所有材料拌勻即可使用。

小茴香檸檬醬

材料（容易製作的分量）
小茴香籽（帶殼）…1 小匙
鹽…3 大匙
檸檬皮屑…1 小匙
作法
用研缽稍微磨碎小茴香籽，再和其他的材料拌勻。

蔥醬

材料（容易製作的分量）
細蔥…1/4 把
魚露…3 大匙
醋、沙拉油…各 4 大匙
砂糖…2 大匙
蒜末…1 瓣
輪切乾紅辣椒…1 根
作法
細蔥切成末，放入耐熱碗裡。平底鍋放沙拉油加熱，放入大蒜拌炒到有香味，連油一起倒進碗裡，再加入剩下的材料拌勻。

七味鹽

材料（容易製作的分量）
鹽…3 大匙
七味唐辛粉…1/2 小匙
作法
將鹽研磨成粉末狀，加入七味唐辛粉拌勻。

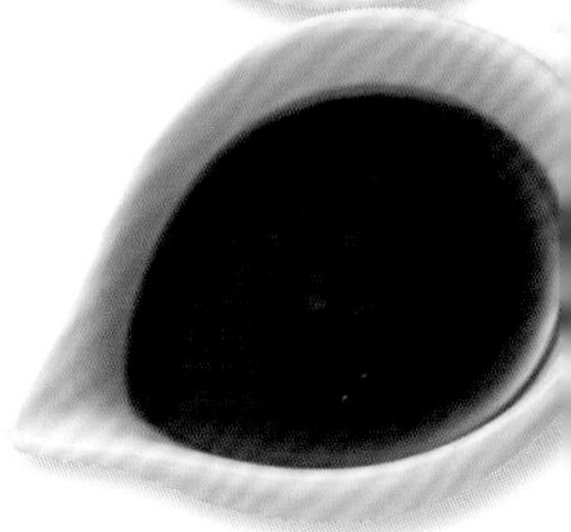

辣醬

材料（容易製作的分量）
麵味露（原味）…3/4 杯
芝麻油…3 大匙
豆瓣醬…1.5 大匙
作法
所有材料拌勻。

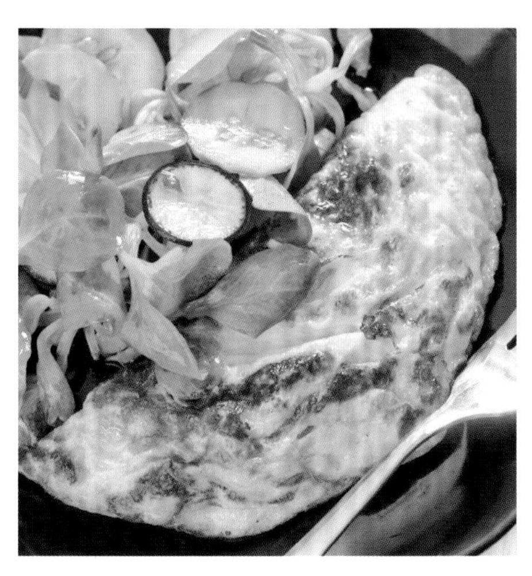

歐姆蛋

基本作法

材料（1 人份）

蛋…3 個	鮮奶油…1/2 大匙
鹽、胡椒粉…各少量	奶油…1 小匙

作法

①打蛋放進碗裡，用打蛋器充分攪拌到起泡，再以濾網過濾，加入鹽、胡椒粉、鮮奶油拌勻。

②平底鍋倒入適量沙拉油加熱，放入奶油後緩緩倒入蛋液，開大火一面搖晃平底鍋，一面用筷子快速攪拌蛋液。

③待呈現半熟狀態時對折，再快速煎乾兩面後，撈出、擺盤，淋上喜歡的〈**醬料**〉。

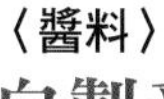

〈醬料〉

自製番茄醬

材料（容易製作的分量）

番茄…中型 2 個（400g）

A[砂糖…2 小匙

鹽、醋…各 1/2 小匙、蔬菜汁…1 大匙

乾紅辣椒（對切剖開去掉籽）…1 根

黑胡椒粉、肉桂粉…各少量]

月桂葉…少量

作法

1 番茄去皮、剔除籽，切成小塊狀。A 放入鍋中，以中火加熱 1 分鐘。待冒出蒸氣後加入月桂葉，再煮到沸騰關小火，邊攪拌邊煮約 10 分鐘。

2 待整體色澤轉深、水分減少後，取出月桂葉和乾紅辣椒，再以小火邊攪拌邊加熱到變濃稠，並且聚在鍋底的狀態即完成。

簡易番茄醬

材料（2 人份）

番茄醬…2 大匙

中濃醬…1 大匙

糖…2 小匙、奶油…1 大匙

作法

材料充分拌勻後，放入鍋裡煮到變濃稠。

玉子燒

基本作法

材料（4 個）

蛋…4 個

〈混搭調味料〉

作法

①將蛋液放進碗裡並打散，加入〈**混搭調味料**〉拌勻。玉子燒專用煎鍋以中火加熱再抹上沙拉油，倒入 1/3 蛋液鋪滿鍋底，等邊緣部分熟了再往自己方向捲回。

②空出的鍋面再均勻抹上沙拉油，倒入 1/2 剩下的蛋液，再往自己方向捲回。

③以和②相同的方式，倒入剩下的蛋液、煎熟即可。

〈混搭調味料〉

基本的高湯雞蛋捲

材料

高湯…4 大匙

砂糖…1/2 大匙、鹽…少量

醬油…2 ～ 3 滴

作法

所有材料拌勻，再加入基本作法①的蛋液裡。

甜味玉子燒

材料

砂糖…3 ～ 3.5 大匙

鹽…1/2 小匙、酒…3 大匙

作法

所有材料拌勻，加入基本作法①的蛋液裡。

美乃滋玉子燒

材料

美乃滋、砂糖…各 2 大匙

櫻花蝦…1 大匙

青海苔粉…1/2 小匙、鹽…少量

作法

所有材料拌勻，加入基本作法①的蛋液裡。

牛排

在餐桌上，絕對成為主角的盛宴
多彩醬料有錦上添花的妙趣

鮪魚醬

材料
鮪魚罐頭…1/2 小罐（40g）、大蒜…1/2 瓣
醃鯷魚…1 片、蛋黃…1 個
橄欖油…1/4 杯
美乃滋、檸檬汁…各 1 大匙
法式芥末醬…1/2 小匙
鹽、白胡椒粉…各少量
作法
罐頭鮪魚先濾掉湯汁，大蒜切成一半、去頭後，切成薄片。把所有材料放進食物調理機攪拌到呈光滑狀，加鹽調味。

奶油醬

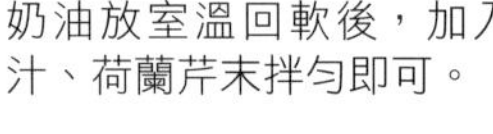

材料
奶油…3.5 大匙
檸檬汁、荷蘭芹末…各 1 小匙
作法
奶油放室溫回軟後，加入檸檬汁、荷蘭芹末拌勻即可。

美乃滋咖哩醬

材料
美乃滋…2 大匙
咖哩粉…1/2 大匙
煮到濃縮成一半的味醂…1 大匙
檸檬汁…1/2 小匙
荷蘭芹末…2 大匙
作法
荷蘭芹以外的所有材料拌勻，最後再加入荷蘭芹攪拌即可。

芥末籽醬

材料
芥末籽…1 大匙
奶油…1/2 大匙
作法
把芥末籽放進剛煎好肉的平底鍋裡炒熟，再加入奶油拌到融化即完成。

熱炒洋蔥醬

材料
奶油…1 大匙
洋蔥〈中型〉薄片…1/2 個
蒜末、檸檬皮屑…各 1/2 大匙
砂糖、鹽、胡椒粉…各少量
作法
奶油放入平底鍋加熱，放入洋蔥、大蒜、檸檬皮拌炒，待洋蔥皮呈些微焦化後，加入鹽、胡椒粉、砂糖拌勻後即可。

〈醬料〉

蒔蘿醬

材料
蒔蘿 (洗淨)…1/2 包
高湯粉…少量
熱開水…1 大匙
美乃滋…1/4 杯
日式黃芥末…1/2 小匙
薄口醬油、鹽…各少許
作法
蒔蘿連莖一起切末，高湯粉和熱開水放入碗裡拌勻，待冷卻後放入其他料材充分拌勻。

梅肉醬

材料
醋、洋蔥泥、橄欖油、水…各 1 大匙
梅肉…2 個、胡椒粉…少量
作法
所有材料拌勻即可使用。

新鮮番茄醬

材料
番茄…75g、奶油…1/2 大匙
鹽、胡椒粉…各少量
作法
番茄泡熱水去皮、取出種籽，切成小塊狀。奶油放鍋中加熱，放入番茄丁快速加熱後再添加鹽、胡椒粉調味即可。

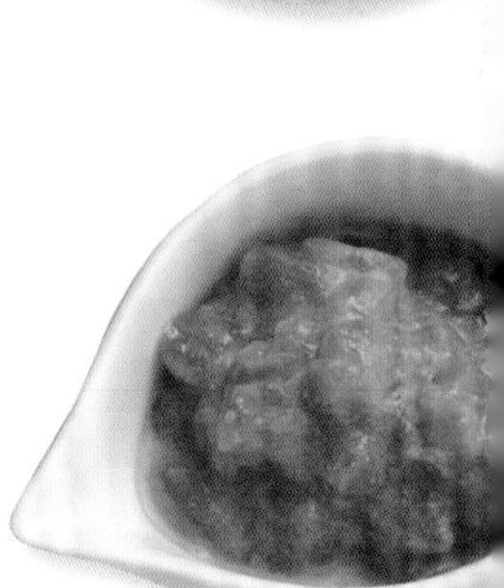

紅酒醬

材料
洋蔥末、芹菜末…各 1 大匙
紅酒…1/4 杯
奶油…2.5 大匙
胡椒粉…少量
鹽…1/2 小匙
作法
小鍋裡放入洋蔥、芹菜、紅酒，以中火加熱到沸騰轉小火，要不時攪拌到水分幾乎收乾為止後熄火。加入奶油後以攪拌器拌到起泡，最後添加鹽、胡椒粉即可。

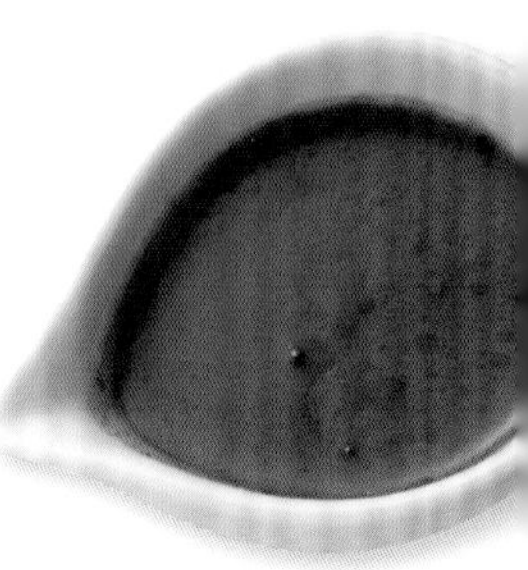

牛排要搭配岩鹽

海鹽含有的鹽滷成分，具有使蛋白質凝固的作用，因此不適合用來抹生牛排。岩鹽的溶解速度不同，因此在煎牛排時可以鎖住肉汁。在完成的牛排上撒些許粗粒岩鹽，可享受到表面顆粒的口感和鹽的美味。

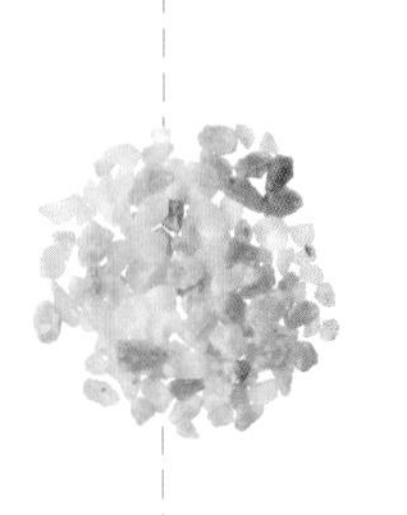

牛排的煎法

①牛肉放室溫恢復，兩面以 1% 量的鹽和適量胡椒粉塗抹。

②平底鍋放少許沙拉油加熱，先以中火偏強火煎擺盤時在上方的那一面約 1 分鐘（肉片較薄的則減少到 40 ～ 50 秒）。

③翻面後煎 2 ～ 3 秒後，連同平底鍋放到濕抹布上，等聽不到鍋底嘶嘶聲後，再放回火爐上以小火煎到喜歡的熟度，最後淋上喜歡的〈**醬料**〉即可享用。

漢堡肉

用留在平底鍋的肉汁
當作製作醬料的祕密武器
讓美味再升級

基本作法

材料（2 人份）
洋蔥…1/8 個、麵包粉…1.5 大匙
混合絞肉（豬、牛等）…200g
鹽、胡椒粉、肉荳蔻…各少量
沙拉油…1/2 大匙
〈漢堡肉醬料〉

作法
①洋蔥切末、麵包粉用等量的牛奶（分量外）浸泡。
②將①混合絞肉、鹽、胡椒粉、肉荳蔻，放進碗裡拌勻。分成 2 等分，整型成小圓餅狀，中央稍微壓扁。
③平底鍋放沙拉油，以大火加熱，放入②煎到上色後翻面，蓋上鍋蓋轉小火燜煎約 10 分鐘，取出、擺盤，淋上〈**漢堡肉醬料**〉即完成。

洋蔥是美味調味料

在西式料理中，洋蔥是含有「美味」食材的代表。若做成漢堡肉，則洋蔥裡含量豐富的穀胺酸和絞肉的肌苷酸結合，更強化了美味口感。雖然洋蔥在煎炒後會增加美味，但加入生的也能襯出美味的嗆辣口感。

〈漢堡肉醬料〉

基本醬汁

材料
紅酒…4 大匙
番茄醬…3 大匙
辣醬油、芥末醬…各 1.5 大匙
砂糖…1/2 小匙

作法
紅酒放入平底鍋加熱煮到剩一半的量，再加入剩下的所有材料煮一下即完成。

蒜味奶油醬油

材料
奶油…1.5 大匙
醬油…2 大匙
大蒜薄片…1 瓣

作法
在煎漢堡肉之前，先用油炒香大蒜片再取出。待煎好漢堡肉之後，輕輕拭去平底鍋裡的油分，轉小火加入奶油、醬油加熱，等奶油融化後即完成。

紅酒醬

材料
番茄汁…1/2 杯、紅酒…1 大匙
辣醬油…1/2 大匙、砂糖…1/4 大匙
高湯粉、蒜粉、洋蔥粉、鹽、胡椒粉…各少量

作法
鍋裡放入番茄汁、紅酒、辣醬油、砂糖、高湯粉，以小火煮 2～3 分鐘。加入蒜粉、洋蔥粉、鹽、胡椒粉拌勻即完成。

和風蘿蔔泥醬

材料
麵味露（原味）…4 大匙
蘿蔔泥…1 杯
青紫蘇切細絲…5 片
作法
所有材料拌勻即可使用。

芝麻醬

材料
白芝麻醬…2 大匙、醋…2 大匙
砂糖、芝麻油…各 1 大匙
醬油…1/2 大匙
辣油…少量
作法
所有材料拌勻即可使用。

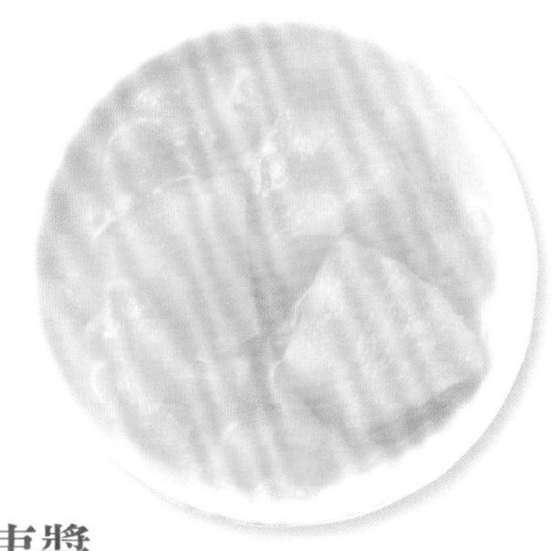

夏威夷醬

材料
奶油…1 大匙、洋蔥…1/8 個、芹菜…1/3 根
鳳梨汁…4.5 大匙、白酒…2 大匙
胡椒粉…1/2 小匙
高湯粉…1 小匙、玉米澱粉水…1/2 大匙
鳳梨（罐裝）…1 片
作法
洋蔥、芹菜洗淨切成小塊狀，鍋子放奶油加熱後炒到熟透。加入鳳梨汁和白酒，轉小火煮 1 ～ 2 分鐘。加入高湯粉、胡椒粉調味，玉米澱粉水調勻勾芡。鳳梨切成 8 等分，加入醬料裡即可。

炸肉排

製作前要儘量敲成薄肉片
可節省油炸時間
入口也會更美味

基本作法

材料（2 人份）
豬里脊肉（炸豬排用）…2 片
鹽…1/2 小匙
胡椒粉…適量
蛋…1 個
起司粉…1 大匙
〈炸肉排的麵衣〉
橄欖油…2 大匙
〈炸肉排的醬料〉

作法
①豬里脊肉切掉筋的部分，撒鹽、胡椒粉，一片接一片以保鮮膜包覆，以擀麵棍敲打到 0.5 公分以下的厚度。
②打蛋放進碗裡，加起司粉拌勻。炸肉排麵衣用的麵包粉以較細的篩子過篩，肉沾滿蛋液後，沾上**〈炸肉排的麵衣〉**。
③平底鍋倒入橄欖油加熱，放入②以較小的中火煎，待上色後翻面，炸到顏色均勻取出擺盤，淋上**〈炸肉排的醬料〉**。

〈炸肉排的麵衣〉

米蘭風味炸肉排麵衣

材料
麵包粉…1/2 杯
荷蘭芹末…1/2 大匙
起司粉…3 大匙
作法
拌勻所有材料，在基本作法當〈炸肉排的麵衣〉使用。

蒜味炸肉排麵衣

材料
麵包粉…1/2 杯
乾燥荷蘭芹…1 大匙
起司粉…1 大匙
蒜末…1 瓣
檸檬皮屑、鹽、胡椒粉…各適量
作法
拌勻所有材料，在基本作法當〈炸肉排的麵衣〉使用。

〈炸肉排的醬料〉

番茄醬

適用於：豬肉等

材料
水煮番茄（罐頭）…1/2 罐 (200g)
蒜末…1/2 瓣、洋蔥泥…1/8 個
橄欖油…1.5 大匙、白酒…1 大匙
鹽、胡椒粉…各少量
番茄醬…1 大匙、羅勒…5 片
作法
大蒜、洋蔥、橄欖油放鍋裡開大火炒，待大蒜稍微上色後加入白酒燜煮約 3 ～ 4 分鐘。加鹽、胡椒粉調味，待冷卻。等冷卻後加入瀝乾水分的水煮番茄和番茄醬，最後再加入切碎的羅勒葉拌勻即完成。

西式梅醬

適用於：雞肉等

材料
洋蔥泥、橄欖油、水…各 1 大匙、胡椒粉…少量
梅肉…大型 2 個
作法
所有材料拌勻即完成。

羅勒醬

適用於：雞肉等

材料
羅勒…大的 8 片、巴西利…3 枝
番茄…1/2 個、蒜末…1 瓣
酸豆切末…1 大匙、乾紅辣椒…1 根
橄欖油…4 大匙，鹽、胡椒粉…各少量
作法
羅勒和巴西利用手撕成小碎片，番茄去籽切小塊、乾紅辣椒對切去籽。鍋子放橄欖油、大蒜、乾紅辣椒加熱，待聞到香味後加入羅勒、巴西利，增添油的香味。拌入酸豆和番茄、熄火，加入鹽、胡椒粉、初榨橄欖油拌勻。

味噌醬

適用於：豬肉等

材料
高湯…2.5 大匙、味噌…2 大匙、砂糖 1.5 大匙、醬油…1 小匙、芥末粉…1/2 小匙
作法
鍋子放入芥末粉以外的所有材料拌勻，開中火邊攪拌邊加熱 1 ～ 2 分鐘，移開火爐後添加芥末粉。

嫩煎肉排

基本作法

材料（2 人份）
豬里脊肉（炸豬排用）…2 片
鹽…1/4 小匙以下
粗粒黑胡椒粉…適量
〈調味醬料〉
作法
①豬里脊肉切掉筋的部分，兩面撒鹽、胡椒粉，靜置 5 ～ 10 分鐘待入味。
②平底鍋放 1 大匙沙拉油加熱，豬肉並排放入，待煎到微焦後翻面，煎肉時要避免燒焦。擺盤，淋上**〈調味醬料〉**。

蘋果醬

適用於：豬肉等

材料
蘋果泥…1/2 個、洋蔥末…1/6 個
奶油、辣醬油、番茄醬…各 1 大匙
紅酒…1.5 大匙
芥末醬、肉桂粉、胡椒粉…各少量
作法
奶油放進煎好肉的平底鍋加熱融化，再放入洋蔥炒香，加入剩下的材料，轉小火煮。

異國風味醬

適用於：白肉魚、豬肉等

材料
魚露、砂糖、檸檬汁…各 1 大匙
蒜末…1 瓣、乾紅辣椒輪切…1 根
沙拉油…1 大匙
作法
肉煎好後輕拭平底鍋裡的油分，以中火加熱 1 大匙沙拉油，放入大蒜、乾紅辣椒拌炒。待聞到香味後，再加入剩下的材料拌一下。

紫蘇味噌醬

適用於：豬肉等

材料
青紫蘇…8 片，味噌、酒…各 1.5 大匙
水…1 大匙，鹽、胡椒粉、沙拉油…各適量
作法
青紫蘇以外的材料拌勻，放入煎好肉的平底鍋裡，以中火拌炒約 30 秒，加入青紫蘇細絲拌勻即可使用。

簡易熱那亞風味醬

適用於：雞肉等

材料
荷蘭芹末…3 大匙、起司粉…2 小匙
檸檬汁…1 小匙、鹽…1/4 小匙
橄欖油、白芝麻粉…各 1 大匙
巴西利…適量
作法
所有材料拌勻即完成。

荷蘭醬

適用於：豬肉、白肉魚等

材料
醋、水…各 2 大匙、蛋黃…2 個
奶油…4 大匙、檸檬汁…1/4 個
作法
小鍋放入醋和水，以小火煮到湯汁剩下一半，把鍋子移到火爐外稍作冷卻，再加入蛋黃快速攪拌到呈濃稠、滑順的乳狀。加入奶油後，最後加入檸檬汁。

〈調味醬料〉

蒜香奶油醬

適用於：白肉魚、魚貝類等

材料
奶油…1/2 大匙
蒜末…1/2 瓣
洋蔥末…1/2 大匙
荷蘭芹末…1/2 大匙
作法
肉煎到上色後加入所有材料拌一下，待聞到蒜香味後即可熄火。

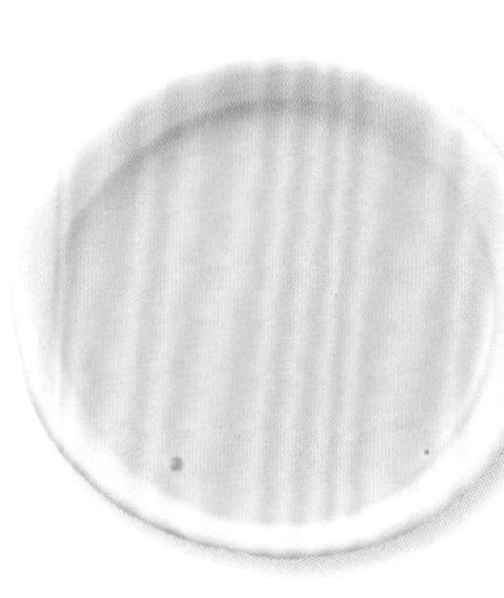

美乃滋醬油

適用於：雞肉、白肉魚等

材料
美乃滋…2 大匙
醬油、牛奶…各 1 大匙
作法
所有材料拌勻，等肉煎到上色後，撒適量的酒（分量外）、加入拌勻的調味料拌炒，一面搖晃平底鍋一面煎到醬料有黏稠感。

香煎肉排

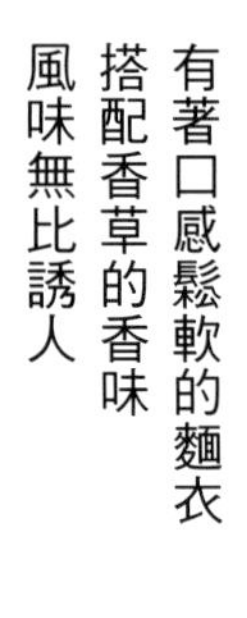

有著口感鬆軟的麵衣
搭配香草的香味
風味無比誘人

基本作法

材料（2 人份）
豬里脊肉塊…200g
鹽、粗粒黑胡椒粉…各適量
沙拉油…1/2 大匙
〈香煎肉排的麵衣〉
〈香煎肉排的醬料〉

作法
①豬肉切成 1.5 公分的厚片，用手掌輕輕推開，撒鹽、粗粒黑胡椒粉。
②平底鍋倒入沙拉油加熱，①沾裹**〈香煎肉排的麵衣〉**，轉較弱的中火煎到兩面都熟到恰到好處，擺盤淋上**〈香煎肉排的醬料〉**。

〈香煎肉排的麵衣〉

基本的香煎肉排麵衣

適用於：豬肉等

材料
蛋…1 個、帕瑪森起司粉…3 大匙
作法
蛋打散加起司粉拌勻，當作基本作法的〈香煎肉排的麵衣〉使用。

蒜味麵衣

適用於：雞肉、豬肉等

材料
蛋…1 個、帕瑪森起司粉…2 大匙
乾燥荷蘭芹…1 大匙、蒜泥…1/4 瓣
作法
蛋打散加入所有材料拌勻，當作基本作法的〈香煎肉排的麵衣〉使用。

香草麵衣

適用於：雞肉等

材料
蛋…1 個、乾燥荷蘭芹…1 大匙
青紫蘇…2～3 片
胡椒粉…1/2 小匙
作法
青紫蘇切成碎末，蛋打散加入其他材料拌勻，當作基本作法的〈香煎肉排的麵衣〉使用。

〈香煎肉排的醬料〉

義式番茄醬

適用於：豬肉或雞肉等

材料
洋蔥末…1/4 個、橄欖油…2 小匙
水煮番茄（小罐裝）…1/2 罐 (100g)
番茄糊…1.5 大匙
砂糖…1/2 小匙、鹽…1/2 小匙
羅勒…1/2 大匙、胡椒粉…少量
作法
平底鍋倒入橄欖油加熱，放入洋蔥拌炒約 5 分鐘，加入其他所有材料。煮沸後關小火，慢煮到有黏稠感。

白酒番茄醬

適用於：牛肉或豬肉等

材料
蒜末…1/3 瓣、洋蔥末…1/4 個
白酒…4 大匙
番茄醬…3 大匙
黑胡椒粉、月桂葉 (粉末)…各少量
沙拉油…1.5 大匙
作法
平底鍋倒入沙拉油加熱，放入大蒜和洋蔥，炒到洋蔥變軟。再加入白酒略煮，最後加入番茄醬和黑胡椒粉、月桂葉拌均即完成。

咖哩奶油醬

適用於：白肉魚或豬肉等

材料
白酒…2 大匙
咖哩粉…2 小匙
鮮奶油…4.5 大匙
檸檬汁…2 小匙
鹽…1/2 小匙
作法
平底鍋加熱後，倒入白酒煮掉酒味，再加入其他材料拌煮到帶黏稠狀即完成。

法式奶油煎魚

微焦的奶油香氣
讓人忍不住想大口品嘗

基本作法

材料（2 人份）
鮭魚…2 片
鹽、胡椒粉…各少量
奶油…1/2 大匙
〈法式奶油煎魚的醬料〉

作法

①鮭魚抹鹽、胡椒粉，整片薄薄地裹上一層麵粉（分量外）。
②奶油放進平底鍋融化，並排放入鮭魚，用中火煎到整片泛白時，再翻面煎到熟透。
③完成後擺盤，淋上**〈法式奶油煎魚的醬料〉**，依喜好在魚肉上放奶油塊。

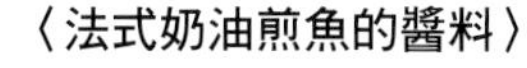

〈法式奶油煎魚的醬料〉

白酒醬

材料
奶油…2 大匙、白酒…2 大匙、鹽…1/2 小匙
檸檬汁…1 大匙、胡椒粉…少量
作法
奶油放進耐熱碗，罩上保鮮膜送進微波爐 (500W) 加熱 45 ～ 50 秒。取出碗，放入剩下的材料拌勻。放進煎好鮭魚的平底鍋，慢火煮到酒精蒸發。

蒜味奶油醬

材料
蒜末…1 瓣、洋蔥末…1/4 個
麵粉…1 小匙、牛奶…1/3 杯
鹽…1/2 小匙、胡椒粉…少量、橄欖油…2 大匙
作法
煎過鮭魚的平底鍋拭去污垢，放入橄欖油、大蒜、洋蔥，以中火拌炒。待聞到香味後加麵粉，炒到粉粒狀消失。加入牛奶轉成較大的中火，一面攪拌一面續煮約 1 分鐘，加入鹽、胡椒粉拌勻。

檸檬美乃滋醬

材料
美乃滋…1.5 大匙、檸檬汁…1 大匙
檸檬皮末、荷蘭芹末…各適量
砂糖…1/2 小匙，鹽、粗粒黑胡椒粉…各適量
作法
所有材料拌勻。

義式陳年葡萄醋醬

材料
義式陳年葡萄醋…2 小匙、鹽、胡椒粉…各少量
大蒜油…1 小匙

大蒜油（容易製作的分量）
材料　大蒜…3 瓣、乾紅辣椒…1 根
橄欖油…1.5 杯
作法　大蒜去皮壓碎、辣椒去蒂去籽，把橄欖油和大蒜、辣椒放入瓶子浸漬 1 天。

醬料的作法
把平底鍋剩餘的油脂擦乾，加入義式陳年葡萄醋，利用鍋子餘溫煮掉酸味。加入大蒜油，以鹽、胡椒粉調味即完成。

昆布美味醬

材料
昆布高湯…5 大匙
鮮奶油、芥末醬…各 1.5 大匙
奶油（無鹽）…1.5 大匙
荷蘭芹末…適量
作法
高湯放入鍋裡煮開後，放入鮮奶油、芥末醬攪拌。煮開後再加入奶油，一面用攪拌器攪拌，慢火煮到有黏稠感，最後撒上荷蘭芹熄火。

香草烤肉

烤到剛好酥脆的麵衣
搭配各種特調香草的香味
就是一大享受

基本作法
材料（2 人份）
雞胸肉…1 片
鹽、胡椒粉…各適量
顆粒芥末醬…1 大匙
橄欖油…1 大匙
〈香草烤肉的麵衣〉
作法
①雞肉對切開，撒鹽、胡椒粉。
②將雞肉放在以 1/2 大匙橄欖油塗抹的鋁箔紙上，上方塗抹顆粒芥末醬，再鋪上〈香草烤肉的麵衣〉。
③淋上剩下的橄欖油，烤箱以 230℃預熱，烘烤 5～6 分鐘至熟，即可取出。

混搭香草 可以依個人喜好方式調配 樂趣無窮

香草依自己喜好去調配，更能享受使用時的樂趣。分類成適合蛋類使用，例如：百里香、荷蘭芹、羅勒；肉類使用，例如：鼠尾草、月桂葉、百里香等；燉煮使用，例如：百里香、月桂葉、奧勒岡等，依類別準備更方便。

〈香草烤肉的麵衣〉

基本的麵包粉

適用於：青魚、白肉魚等
材料
帕瑪森起司粉…1 小匙、鹽…1/4 小匙
胡椒粉…少量、 奧勒岡…1/2 小匙
百里香…1/4 小匙、麵包粉 (乾燥)…1/3 杯
作法
把所有材料拌勻，當作基本作法的〈香草烤肉的麵衣〉使用。

醬油麵包粉

適用於：豬肉等
材料
荷蘭芹末…1 大匙、蒜泥…少量
初榨橄欖油…1.5 大匙
醬油…1 小匙、麵包粉 (乾燥)…1/4 杯
作法
所有材料拌勻，當作基本作法的〈香草烤肉的麵衣〉使用。

蒜味麵包粉

適用於：雞肉等
材料
巴西利末…1 大匙
迷迭香末…1 枝
麵包粉 (乾燥)…1 杯、起司粉…1 大匙
蒜末…1/2 瓣
作法
所有材料拌勻，當作基本作法的〈香草烤肉的麵衣〉使用。

青紫蘇麵包粉

適用於：雞肉或青魚等
材料
青紫蘇末…5 片
荷蘭芹末…2 大匙
麵包粉 (乾燥)…1/2 杯、白酒…1 大匙
作法
所有材料拌勻，當作基本作法的〈香草烤肉的麵衣〉使用。

家常醬油醋醬

材料
醋…2 小匙、醬油…1 大匙
辣油…適量
作法
所有材料拌勻即完成。

梅肉蘿蔔泥醬

材料
蘿蔔泥…1/2 杯
拍碎的梅干肉…大型 1 個
薑泥…1/2 片
鹽…1/4 小匙
作法
所有材料拌勻即完成。

香煎蒜末醬

材料
醋…1 大匙、醬油…1/3 杯
大蒜…2 瓣、芝麻油…1 大匙
作法
大蒜粗磨成末狀，用芝麻油爆香，
加入醋和醬油拌勻即可。

檸檬鹹味醬

材料
檸檬汁…3 大匙
薑泥…1/2 瓣
蔥末…1 小匙
砂糖、鹽、胡椒粉…各少量
水…1 大匙
作法
所有材料拌勻即完成。

黑醋醬

材料
黑醋、豆豉醬…各 2 小匙
作法
所有材料拌勻即完成。

甜辣醬

材料
甜辣醬…2 大匙
醬油…2 大匙
作法
所有材料拌勻即完成。

煎餃

基本作法

材料（24 個）

豬絞肉…200g	高麗菜…3 片
醬油…2 大匙	蔥…1/2 根
酒…1 大匙	薑、大蒜…各 1 片
芝麻油…1/2 大匙	水餃皮…24 張
鹽、胡椒粉…各適量	**〈蘸料〉**

作法

①豬絞肉放在碗裡，加入醬油、酒、芝麻油、鹽、胡椒粉充分拌勻。高麗菜、蔥、薑切碎，加入碗裡拌勻，再分成 24 等分。

②把①放在餃皮中央，皮的周邊沾水，一面捏出皺褶一面收口包緊。

③平底鍋加入沙拉油，以中火加熱，適量排入餃子，等待底部出現焦痕後，加適量的水蒸煮 2～3 分鐘，打開鍋蓋散掉水氣。剩下的餃子也用相同方式煎。擺盤，附上〈**蘸料**〉。

〈蘸料〉

蠔油醬

材料
蠔油…1.5 大匙
醋…1 大匙
醬油…1 小匙、豆瓣醬…適量
作法
所有材料拌勻即完成。

山葵醬

材料
山葵醬…1/2 小匙
砂糖、醋…各 1 小匙、醬油…2 小匙
芝麻油…1 小匙
作法
所有材料拌勻即完成。

咕咾肉

基本作法

材料（2 人份）
豬里脊肉厚片…150g
醬油…2 小匙
酒…1 小匙
青椒…1 個
鳳梨…1/2 罐 (170g)
紅蘿蔔…1/4 根
日本太白粉…2 ～ 3 大匙
〈混搭醬料〉
太白粉水…適量

作法

①豬里脊肉切成適口大小，以醬油、酒醃漬。鳳梨瀝掉水分，切成一口大小；材料洗淨，青椒去蒂及籽，切滾刀片狀。紅蘿蔔去皮、切滾刀成一口大小，煮4 ～ 5 分鐘瀝乾水分。

②豬肉沾滿日本太白粉，下油鍋炸。

③鍋中放適量沙拉油以大火加熱，放入蔬菜炒到熟透，加入②的豬肉和鳳梨拌炒。

④然後淋上**〈混搭醬料〉**、加入適量的太白粉水拌煮一下，即可撈出。

〈混搭醬料〉

基本的咕咾肉

材料
砂糖…3 大匙，醋、番茄醬…各 2 大匙
醬油…1 大匙、鹽…2/3 小匙、水…1/2 杯

作法
所有材料拌勻，淋在基本作法④炒熟的肉、蔬菜上，增加黏稠感。

中式餐館的咕咾肉

材料
酒、醬油…各 1 大匙
砂糖、醋…各 2 大匙
鹽…少量、水…1/2 大匙

作法
所有材料拌勻，淋在基本作法④炒熟的肉、蔬菜上，增添黏稠感。

葡萄柚汁咕咾肉

材料
砂糖、番茄醬、水…各 2 大匙
醋、葡萄柚汁…各 1 大匙
醬油…1/4 小匙、鹽…少量

作法
所有材料拌勻，淋在基本作法④炒熟的肉、蔬菜上，增添黏稠感。

黑醋咕咾肉

材料
黑醋…3 大匙、砂糖…2 大匙
醬油…1 大匙、雞湯…1/4 杯

作法
所有材料拌勻，淋在基本作法④炒熟的肉、蔬菜上，增添黏稠感。

梅醬咕咾肉

材料
薑末…10g
蒜末…1 小匙
乾紅辣椒（輪切）…1 根
混搭醬料 [酒…1 大匙，砂糖、醋、梅肉…各 2 小匙，醬油…1/2 小匙]

作法
在基本作法③熱過油後，放入薑、大蒜、辣椒爆香，加入蔬菜、肉拌炒，淋上**〈混搭醬料〉**增添黏稠感。

青菜炒肉

基本作法

材料（2 人份）

高麗菜…2～3 片
紅蘿蔔…1/4 根
青椒…2 個
洋蔥…1/2 個
豆芽菜…1/2 袋
豬肉薄片…100g
蠔油…1/2 小匙
鹽、胡椒粉…各少量
沙拉油…1 大匙
〈混搭醬料〉

作法

①高麗菜切成大塊、紅蘿蔔切成適口大小、青椒去蒂去籽後縱切成 4 等分、洋蔥切絲、豆芽菜去掉鬚根。

②豬肉薄片以蠔油、鹽、胡椒粉醃入味。

③平底鍋放 1/2 大匙沙拉油加熱，放入②的豬肉炒到變色後起鍋。再加上 1/2 大匙的沙拉油，放入①的蔬菜拌炒後再把豬肉回鍋，淋上〈混搭醬料〉仔細拌勻。

胡椒粉要怎樣靈活運用呢？

粗粒胡椒粉的特徵是具有香氣濃郁、帶有刺激辣味，細粒狀常會出現在各式料理中。白胡椒粉的香味高雅，可用在清淡的食譜上；黑胡椒粉可利用其獨特的風味，緩和肉的腥味。其實都可以用在所有的食譜上，善用其特色更能依個人喜好活用。

〈混搭醬料〉

基本的青菜炒肉醬

材料

酒…1/2 大匙、醬油…1 小匙
鹽…1/4 小匙、胡椒粉…少量

作法

所有材料拌勻，在基本作法③加入炒熟的肉、蔬菜中拌炒。

味噌炒肉醬

材料

味噌…1.5 大匙、酒…1/2 大匙
味醂…2.5 小匙、砂糖…1.5 小匙
醬油…1 小匙

作法

所有材料拌勻，在基本作法③加入炒熟的肉、蔬菜中拌炒。

辣味炒肉醬

材料

蔥末…1/2 根
薑末…1/2 小匙
辣豆瓣醬…1/2 小匙、沙拉油…1/2 小匙
番茄醬…1.5 大匙
酒、醋…各 1/2 大匙、砂糖…1 小匙
鹽…少量
雞高湯粉…1/4 小匙、熱開水…1/4 杯

作法

所有材料拌勻，在基本作法③加入炒熟的肉、蔬菜中拌炒。

咖哩醬油炒肉醬

材料

咖哩粉…1/2～1 大匙、酒…2 大匙
砂糖…1 小匙、醬油…1.5 大匙

作法

所有材料拌勻，在基本作法③加入炒熟的肉、蔬菜中拌炒。

蠔油炒肉醬

材料

蠔油、酒…各 1 大匙、砂糖…1 小匙
鹽…1/2 小匙、胡椒粉…少量

作法

所有材料拌勻，在基本作法③加入炒熟的肉、蔬菜中拌炒。

炒牛蒡絲

鎖住滿滿的甜辣醬汁
讓人忍不住多添一碗飯
做為便當菜也很搭

基本作法
材料（2 人份）
牛蒡…1/2 根
紅蘿蔔…1/2 根
〈炒菜油〉
〈混搭醬料〉
作法
①牛蒡削皮、切絲後泡水，紅蘿蔔切絲備用。
②平底鍋放**〈炒菜油〉**加熱，加入牛蒡、紅蘿蔔炒，待變軟後加入**〈混搭醬料〉**燒煮。擺盤，可依喜好撒上白芝麻。

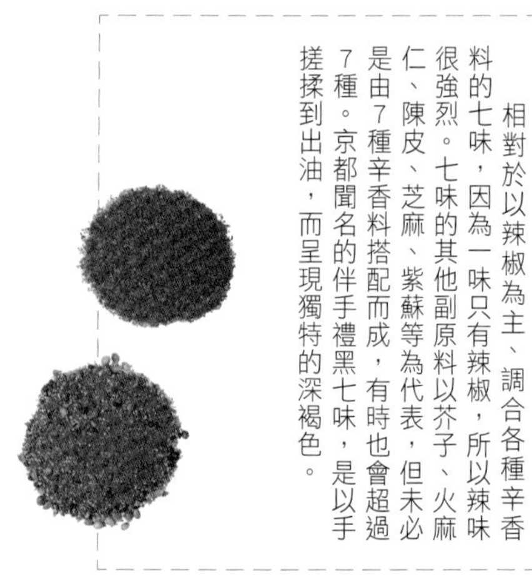

一味和七味

相對於以辣椒為主、調合各種辛香料的七味，因為一味只有辣椒，所以辣味很強烈。七味的其他副原料以芥子、火麻仁、陳皮、芝麻、紫蘇等為代表，但未必是由7種辛香料搭配而成，有時也會超過7種。京都聞名的伴手禮黑七味，是以手搓揉到出油，而呈現獨特的深褐色。

〈混搭醬料〉

〈炒菜油〉

基本的炒牛蒡絲

材料
混搭醬料［醬油、砂糖…各 1～1.5 大匙、沙拉油…適量］
乾紅辣椒輪切…1/2 根
作法
拌勻**〈混搭醬料〉**，參照基本作法。紅辣椒在基本作法②和蔬菜一起拌炒。

西式炒牛蒡絲

材料
混搭醬料［義式陳年葡萄醋…1 小匙
酒、醬油…各 1 大匙
番茄醬…1.5 大匙］
橄欖油…適量
作法
拌勻**〈混搭醬料〉**，在基本作法②以橄欖油當作**〈炒菜油〉**拌炒所有食材，待熟透了再加入**〈混搭醬料〉**炒，以少量的鹽、胡椒粉調味。可依喜好撒上荷蘭芹末。

中式炒牛蒡絲

材料
混搭醬料［蠔油、酒、醬油…各 1 大匙
砂糖…2 小匙
胡椒粉…少量］
芝麻油…適量
作法
拌勻**〈混搭醬料〉**，在基本作法②以芝麻油當作**〈炒菜油〉**拌炒，待熟透了再加入**〈混搭醬料〉**拌炒即完成。

咖哩炒牛蒡絲

材料
咖哩粉…1/2 大匙、橄欖油…適量
混搭醬料［酒、砂糖…各 1 大匙
醬油…1.5 大匙］
作法
拌勻**〈混搭醬料〉**，在基本作法②以橄欖油當作**〈炒菜油〉**炒一下所有食材，加入咖哩粉炒 1～2 分鐘，再加入**〈混搭醬料〉**炒，起鍋前再撒上少量的咖哩粉（分量外）。

烤魚

〈淋醬〉

柚香蘿蔔泥

適用於：紅肉魚、白肉魚等

材料
瀝掉水分的蘿蔔泥…1 杯
柚香胡椒粉…1 小匙、醋…1/2 小匙
醬油…1/2 小匙、橄欖油…2 小匙
作法
拌勻所有材料，當作烤魚的〈**淋醬**〉。

香味醬

適用於：青魚、白肉魚等

材料
蔥末…1 小匙、薑末…1/2 瓣
蒜末…1/2 瓣
醋、醬油…各 1 大匙
砂糖、芝麻油…各 1 小匙
作法
拌勻所有材料，當作烤魚的〈**淋醬**〉。

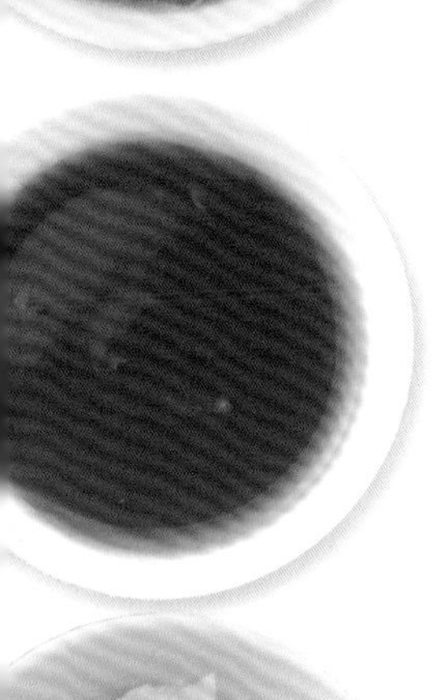

辣醬

適用於：白肉魚等

材料
醋…1.5 大匙、砂糖…1 大匙
醬油…1/2 大匙、豆瓣醬…1 小匙
番茄醬…1/4 杯、胡椒粉、鹽…各少量
中式高湯…1/4 杯
作法
將砂糖、豆瓣醬、醋、醬油、番茄醬倒入碗裡攪拌，加入中式高湯稀釋，再以鹽、胡椒粉調味，當作烤魚的〈**淋醬**〉。

〈醃醬〉

西京燒的醃醬

適用於：白肉魚等

材料
白味噌…3/4 杯、酒粕…1/4 杯
酒、味醂…各 1.5 大匙
作法
酒、味醂加入酒粕拌勻、靜置約 1 小時。再一點一點地加入白味噌，慢慢攪拌到充分混合。

〈醬汁〉

蒲燒的醬汁

適用於：白肉魚、青魚等

材料
醬油…1.5 大匙、味醂…1 大匙
酒、砂糖…各 1/2 大匙
作法
所有材料拌勻即可使用。

基本作法

材料（2 人份）
鯛魚片…2 片
鹽…適量
〈**淋醬**〉
作法
①鯛魚抹鹽、靜置 5 分鐘後拭去水分。
②用烤魚專用的烤架和烤網，從皮的部分用大火燒烤。待皮呈現可口的焦色後翻面轉小火，烤到全熟。擺盤，淋上喜好的〈**淋醬**〉。

土魠魚的西京燒作法

材料（2 人份）
土魠魚…2 片
〈**西京燒的醃醬**〉
作法
①拭乾土魠魚的水分，浸漬在〈**西京燒的醃醬**〉1 晚～1 天。
②仔細清除醃醬，用烤魚用烤架燒烤到飄出香味即可。

沙丁魚的蒲燒作法

材料（2 人份）
沙丁魚…3 條
麵粉…適量
沙拉油…1/2 大匙
〈**蒲燒的醬汁**〉
作法
①沙丁魚剖開、長度切半，兩面鋪上薄薄的麵粉，平底鍋加入沙拉油熱鍋，兩面煎到略帶焦色。
②取出沙丁魚，用廚房紙巾拭去平底鍋裡的油分，放入〈**蒲燒的醬汁**〉煮開，再把沙丁魚回鍋煮到入味。

鰹魚半敲燒

基本作法
材料（2 人份）
鰹魚…200 ～ 300g
〈混搭醬料〉
作法
①鰹魚用 3 根鐵叉從靠近皮下的部分插入，呈扇形往尾部撐開，前面的部分收在一起，直接烘烤皮，待呈現焦色後上下翻面，烤到肉泛白。
②立刻浸泡冰水、拔除鐵叉，快速冷卻後拭乾水分。
③然後切成 1 公分的厚度、擺盤，依喜好用嫩薑絲等飾頂，淋上〈混搭醬料〉。
PS：半敲燒，就是將魚肉外表烤至半生熟程度的料理手法，所以火候控制非常重要。

〈混搭醬料〉

柑橘醋
材料
醬油…3 大匙、醋…2 大匙
榨柳橙汁…1 大匙、芝麻油…1/2 大匙
作法
所有材料拌勻即完成。

梅醬風味
材料
梅干…大型 1 個、洋蔥泥…1/2 大匙
醋、橄欖油、水…各 1/2 大匙
胡椒粉…少量、大蒜薄片…1/2 瓣
作法
梅干去籽後以菜刀敲碎，所有材料放進碗裡拌勻。

芥末醬風味
材料
顆粒芥末醬…2 小匙、醋…1 大匙
醬油…3 大匙、初榨橄欖油…1 大匙
鹽、胡椒粉…各少量
作法
所有材料拌勻即完成。

美乃滋醬油
材料
美乃滋、醬油…各 1 大匙、山葵醬…1 小匙
作法
所有材料拌勻即完成。

薑燒

基本作法
材料（2 人份）
豬里脊肉（薑燒用）…200g
麵粉…適量
沙拉油…1/2 大匙
〈混搭醬料〉
作法
①豬肉抹上一層薄薄的麵粉。
②平底鍋放沙拉油熱鍋，以大火煎兩面，避免肉片重疊，加入〈混搭醬料〉調味，一邊翻面一邊煮到全部入味。

〈混搭醬料〉

基本的薑燒

材料
酒、醬油…各 1.5 大匙
味醂…1 大匙
薑泥…1/2 片
作法
所有材料拌勻，淋在煎好的豬肉上即可。

味噌薑燒

材料
酒、味醂、味噌…各 1 大匙
砂糖…1/2 小匙
薑泥…1/2 片
作法
所有材料拌勻，淋在煎好的豬肉上。

洋蔥泥薑燒

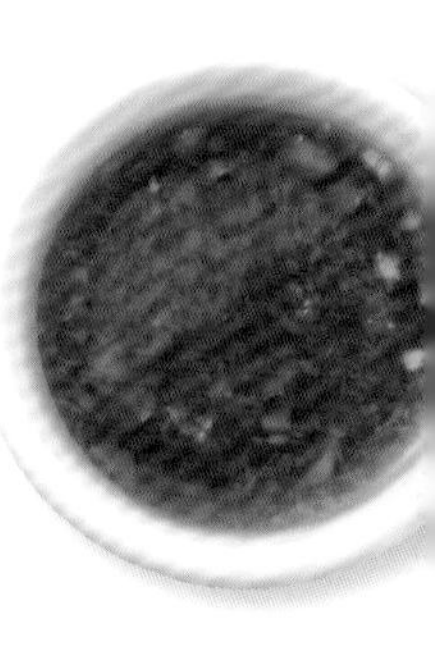

材料
酒、味醂、醬油、洋蔥泥…各 2 大匙
薑泥、蜂蜜…各 1 大匙
作法
在基本作法①中不要抹麵粉，把〈混搭醬料〉放進調理盤，肉片浸泡約 5 分鐘後煎，調理盤剩下的湯汁倒在煎好的豬肉上，煮到入味。

韓式煎餅

基本作法

材料（4 人份）
韭菜…40g
紅蘿蔔…1/4 根
蛋……2 個
糯米粉…2 大匙
麵粉…2 大匙
剝殼蝦…80g
芝麻油…2 小匙
鹽、胡椒粉…少量

作法
①韭菜切成 4 公分段，紅蘿蔔切細絲。
②蛋、糯米粉、麵粉、鹽、胡椒粉放入碗裡混合，加入韭菜、紅蘿蔔，以及瀝乾水分的蝦拌勻。
③平底鍋放芝麻油熱鍋，放入②以中火煎熟兩面，切好擺盤，沾〈**混搭醬料**〉享用。

〈混搭醬料〉

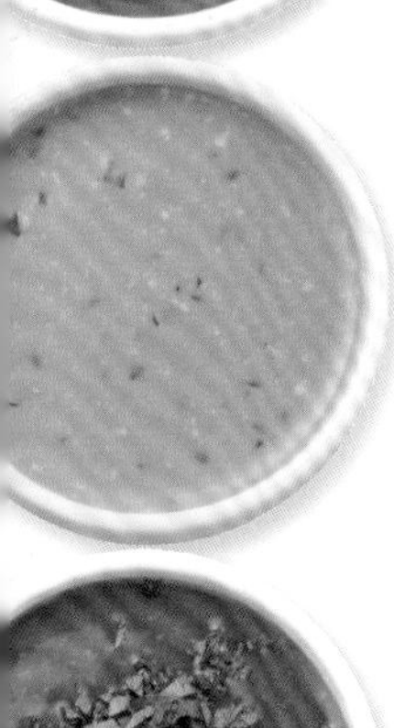

韓式辣味檸檬醬

適用於：馬鈴薯、海鮮類的煎餅

材料
檸檬（薄切成輪狀）…2 片
韓式辣醬、水…各 1 大匙
作法
所有材料拌勻即完成。

甜辣美乃滋醬

適用於：蔥、海鮮類的煎餅

材料
洋蔥末…1 大匙
烤肉醬（市售品）…2 大匙
美乃滋…1 大匙
作法
所有材料拌勻即完成。

韓式辣味噌醬

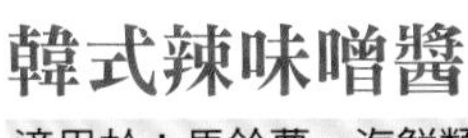

適用於：馬鈴薯、海鮮類的煎餅

材料
韓式辣醬、味噌…各 1/2 大匙
青紫蘇末…2 片、水…1 大匙
作法
所有材料拌勻即完成。

甜辣醬油醬

適用於：海鮮類的煎餅

材料
醋…1 小匙、薑絲…1 瓣
烤肉醬（市售品）…2 大匙
作法
所有材料拌勻即完成。

苦瓜雜炒

基本作法

材料（2 人份）
苦瓜…1 條
紅蘿蔔…1/4 根
培根肉…3 片
芝麻油…1 小匙
〈混搭調味料〉
蛋…1 個

作法
①苦瓜縱切剖開、去籽，切成薄片，用鹽搓揉殺青、洗淨。紅蘿蔔洗淨切絲，培根肉切成 2 公分寬度。
②平底鍋放芝麻油熱鍋，放入培根肉拌炒，加入苦瓜、紅蘿蔔炒。
③待熟透後，加入〈**混搭調味料**〉拌勻，蛋打散快速淋上，呈半熟狀態即熄火起鍋。

〈混搭調味料〉

基本的苦瓜雜炒

材料
醬油…1 小匙
中式高湯粉…1/2 小匙
鹽、胡椒粉…各少量
作法
所有材料拌勻，在基本作法③加入。

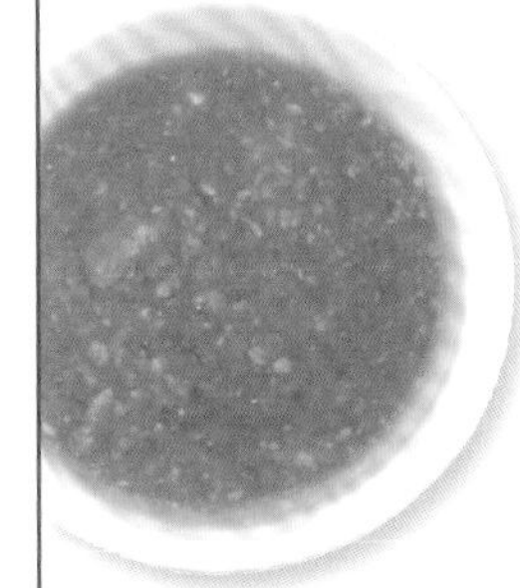

味噌雜炒

材料
蒜泥…1 瓣、味噌…1.5 大匙
酒…2 大匙、醬油…1/2 小匙
作法
所有材料拌勻，在基本作法③加入。

素麵雜炒

材料
醃料 [芝麻油…1/2 大匙]
混搭調味料 [酒…1/2 大匙、鹽、胡椒粉…各少量]
作法
取素麵 2 束下水煮到保留稍硬程度，以冷水沖洗後瀝乾水分，淋上〈**醃料**〉的芝麻油拌勻。在基本作法②加入素麵拌炒，再淋上〈**混搭調味料**〉拌勻。擺盤，以柴魚片（分量外）飾頂。

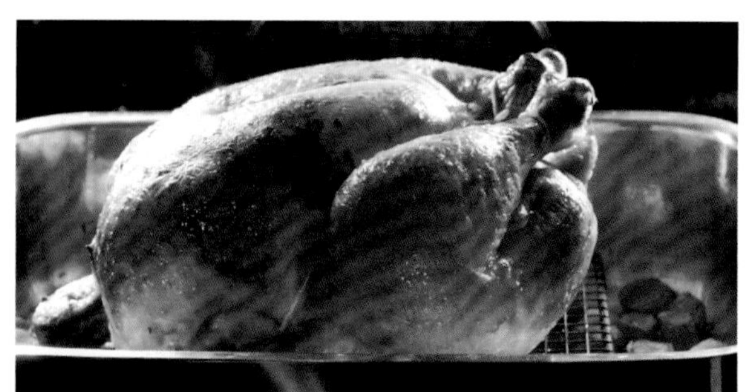

烤雞

基本作法

材料（4 人份）

洋蔥…2 個
大蒜…1 瓣
培根肉…4 片
土司麵包（8 片裝）…2 片
沙拉油…2 大匙
奶油…3 大匙
葡萄乾…3 大匙
杏仁薄片…1/2 杯
鹽…1 小匙
胡椒粉…少量
全雞…1 隻
紅蘿蔔…1 根

作法

①1 個洋蔥切成 1 平方公分片狀，大蒜切薄片。培根肉切小段，土司麵包留邊、切成 1 立方公分粒狀。

②平底鍋倒入沙拉油燒熱，加入①麵包以外的其他食材拌炒，待洋蔥炒軟加奶油，再依序加入葡萄乾、杏仁薄片、麵包。加鹽、胡椒粉調味後，起鍋冷卻。

③全雞放入冰水中，加以搓洗。腹部也用冰水刷洗後取出。用廚房紙巾拭乾水分，把脖子部分切除但留下皮。

④讓全雞腹部朝上放好，從尾部的開口用力把②塞入腹中，再用牙籤和棉線封緊，再用線繞到腳上綁牢。脖子上的皮繞到背後，翅膀也繞到背後整形。

⑤另一個洋蔥切成 8 等分梳狀，紅蘿蔔洗淨留皮，輪切成 1 公分寬。

⑥烤箱的烤盤上放置鐵網，上面平均鋪好⑤和剁成薄片的脖子，再擺上塞滿食材的全雞。烤箱以 250℃預熱 10 分鐘後，烤約 1 小時。待表面上了焦色、以指尖輕按時感覺硬硬的，即烘烤完成。把烤雞移到適當容器，解開牙籤和棉線，再分割肉塊，附上喜好的〈**醬料**〉。

〈醬料〉

肉汁醬

材料

殘留的烤汁、西式高湯、白酒…各 4 大匙
鹽、胡椒粉…各少量
玉米粉…2 小匙、水…1 大匙

作法

將烤盤上殘留的烤汁倒入鍋子，加入高湯、酒，以小火煮 5 分鐘，待有點濃稠感時，加鹽、胡椒粉調味，再加入拌合好的玉米粉與水增加稠度即可。

山葵奶油醬

材料

酒…2 大匙、醬油…2 小匙
山葵醬…2 小匙、奶油…1 大匙

作法

將烤盤上殘留的烤汁倒入鍋子 4 大匙，加入醬料的材料，以中火煮到有濃稠感。

韓式雜拌菜

基本作法

材料（2 人份）

去皮紅蘿蔔…1/4 根
去蒂青椒…1/2 個
粉絲（儘量使用韓國粉絲）…50g
牛肉薄片…150g
〈混搭醬料〉
鹽、胡椒粉、沙拉油…各適量

作法

①紅蘿蔔、青椒切細絲，粉絲泡熱開水復原、隨意切段，牛肉薄片切絲。

②牛肉薄片以〈**混搭醬料**〉醃漬。

③平底鍋加油熱鍋，放入紅蘿蔔、青椒、牛肉拌炒，加鹽、胡椒粉調味，再加入粉絲拌勻。最後以鹽、胡椒調味。

〈混搭醬料〉

基本的雜拌菜

材料

醬油…1.5 大匙
酒、砂糖、芝麻油…各 1/2 大匙
蒜末…1 瓣
胡椒粉…少量

作法

調味料拌勻，當作牛肉的醃料。粉絲等材料和牛肉連同醬料一起拌炒，最後再用鹽調味。

清爽雜拌菜

材料

醬油、味醂、水…各 1/2 大匙

作法

所有材料拌勻後，用平底鍋加熱煮開，放入基本作法①、②的材料拌炒。等湯汁收乾後加鹽、胡椒粉調味。

排骨肉

基本作法

材料（2 人份）

豬排骨肉…500g
鹽、胡椒粉…各適量
沙拉油…1 大匙
水…1/2 杯
〈混搭醬料〉

作法

①用叉子在豬排上均勻戳洞，撒上鹽、胡椒粉。

②平底鍋放入沙拉油加熱，放入豬肉煎到兩面上焦色，再加入**〈混搭醬料〉**和水，煮開後轉成較小的中火蒸煮 45 分鐘。

〈混搭醬料〉

香草油香煎排骨

材料

迷迭香…1 枝、大蒜…1 瓣
月桂葉…1 片、橄欖油…3/4 杯

作法

在基本作法②中，把調配好的香草油材料放入加熱，在不加水的情況下煎熟豬排骨，擺盤後依喜好淋上檸檬汁。

橙汁排骨

材料

橙皮果醬…1/3 杯
番茄醬…2 ～ 3 大匙
醬油…1 大匙、檸檬汁…1 大匙

作法

所有材料拌勻，在基本作法②中加入。

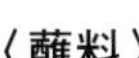
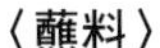

〈蘸料〉

辣味蘸料

材料

洋蔥末…1/2 個
檸檬汁…1/2 個、番茄醬…1.5 大匙
砂糖…1 大匙
醬油…1 小匙、豆瓣醬…1/2 小匙

作法

所有材料拌勻，在基本作法②中先不加**〈混搭醬料〉**和水，直接煎好豬肉後擺盤，附上**〈辣味蘸料〉**。

普羅旺斯燉菜

基本作法

材料（2 人份）

茄子…1 條
櫛瓜…1/2 條
彩椒…1/2 個
洋蔥…1/2 個
大蒜…1 瓣
橄欖油…1 大匙
鹽、胡椒…各適量
〈普羅旺斯燉菜的基底〉

作法

①食材洗淨。茄子去蒂、彩椒去籽去蒂，與櫛瓜、洋蔥均切成薄片。

②平底鍋中放入橄欖油燒熱，爆香大蒜後，加入櫛瓜炒到變軟、上焦色，移開鍋子到爐外。

③依序放入彩椒、洋蔥、茄子拌炒，同上炒到變軟、略上焦色後移開鍋子。

④加入**〈普羅旺斯燉菜的基底〉**拌勻，蓋上鍋蓋煮開後轉小火，燜煮約 15 分鐘後，以鹽、胡椒粉調味。

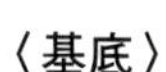

〈基底〉

基本的燉菜

材料

基底 [水煮番茄 (罐裝)…1/2 罐 (200g)、乾羅勒…少量
月桂葉…1 片鹽
胡椒粉…各適量]

作法

一面將水煮番茄壓碎，一面混合**〈基底〉**的材料，在基本作法④中加入，和蔬菜等材料一起煮。

和風燉菜

材料

基底 [酒…2 大匙
醬油…1 大匙、砂糖…少量
芝麻油…2 大匙]
青紫蘇…2 ～ 3 片

作法

在基本作法②，用芝麻油取代橄欖油炒蔬菜。放入調配好的**〈基底〉**和材料煮。起鍋前撒上洗淨、切碎的青紫蘇即可。

青椒炒肉絲

基本作法

材料（2人份）
牛瘦肉…100g
沙拉油…1.5 大匙
〈醃料〉
青椒…4 個
煮熟的竹筍…50g
蔥…5 公分
芝麻油…適量
生薑…1 片
〈混搭調味料〉

作法
①牛肉切成 0.5 公分寬度，用**〈醃料〉**醃漬 5～10 分鐘。青椒去蒂去籽後，切成細絲，煮熟的竹筍也以相同的方式處理。蔥切成碎末。
②炒鍋用 1/2 大匙沙拉油、薑片熱鍋後，放入牛肉一面拌開一面炒，待肉的顏色變了再加蔥，等聞到香味時，再加入 1 大匙沙拉油、竹筍、青椒混合拌炒。
③加入**〈混搭調味料〉**拌炒，最後淋上芝麻油拌一下起鍋。

〈醃料〉〈混搭調味料〉

基本的青椒炒肉絲

材料
醃料 [酒…1/2 大匙
醬油…少量
鹽、胡椒粉…各少量
打散的蛋液、沙拉油…各 1 大匙
日本太白粉…1 小匙]
混搭調味料 [酒…1/2 大匙
醬油…2 小匙
蠔油、太白粉水…各 1 小匙
水…1/2 大匙]
作法
〈醃料〉、**〈混搭調味料〉**的所有材料分別拌勻，參照基本作法。

和風青椒炒肉絲

材料
醃料 [薑絲…1 片
酒…1/2 大匙、醬油…1 大匙
沙拉油…1/2 大匙
日本太白粉…1/2 小匙]
混搭調味料 [蔗糖…1/4 小匙
鹽…1/4 小匙、胡椒粉…少量]
作法
〈醃料〉、**〈混搭調味料〉**的所有材料各自拌勻，放入基本作法即可。

芙蓉蟹

基本作法

材料（2人份）
蛋…4 個
金針菇…1/2 袋
蔥…1/2 支
蟹肉罐…1/4 罐
薑絲…1/2 片
沙拉油…1.5 大匙
鹽、胡椒粉…各少量
青豆（仁水煮罐頭）…適量
〈芡汁〉

作法
①把蛋打進碗裡打散，金針菇洗淨、切掉根部後切半，蔥洗淨、切斜段，蟹肉撕開備用。
②平底鍋倒入 1/2 大匙沙拉油燒熱，爆香蔥段後加入金針菇、蟹肉拌炒，撒鹽、胡椒粉調味。待降溫到不會太燙的程度，再淋上蛋液。
③平底鍋以 1 大匙沙拉油熱鍋，將②倒入後快速攪拌，待烘煎到膨脹熟透後起鍋擺盤。
④整體淋上**〈芡汁〉**，撒上水煮青豆仁，可依喜好另外添飾紅薑絲。

〈芡汁〉

基本的芙蓉蟹芡汁

材料
乾香菇的還原汁（用 1 片乾香菇泡水還原的水）混合水…1/4 杯，砂糖、醬油、酒、日本太白粉…各 1/2 大匙，芝麻油…少量
作法
將所有材料放進基本作法③中煎好蛋的鍋裡煮開即可。

甜醋芙蓉蟹芡汁

材料
芡汁 [醬油…1/2 大匙
雞湯粉…1/2 小匙
番茄醬…2 小匙
日本太白粉…2 小匙
砂糖…1/4 大匙、水…1/2 杯
鹽、胡椒粉…各少量]
潤飾 [芝麻油…1 大匙、醋…1.5 大匙]
作法
將**〈芡汁〉**的材料放入鍋裡邊攪拌邊煮開，待呈現稠狀後熄火，加上潤飾的材料後，淋在蛋上面。

和風芙蓉蟹芡汁

材料
高湯…5 大匙、砂糖…1 小匙
醬油、鹽…各少量、太白粉水…少量
作法
高湯、砂糖、醬油、鹽煮熱後加入太白粉水略滾，倒出，淋在蛋上面。

韭菜炒肝

常見的精力補給菜餚
非常下飯！

〈醃料〉、〈混搭調味料〉

基本的韭菜炒肝

材料
醃料［酒…1/2 小匙
醬油…1 小匙
薑汁…1 小匙
蒜泥…少量
胡椒粉…少量］
混搭調味料
［醬油…1.5 小匙
砂糖、酒…各 1 小匙］
作法
〈醃料〉、**〈混搭調味料〉**的所有材料各自拌勻，在醃漬、炒韭菜和肝的時候加入。

味噌韭菜炒肝

材料
醃料［酒、醬油…各 1 大匙］
混搭調味料
［酒、蠔油、味噌…各 1 大匙
鹽、胡椒粉…各少量］
作法
〈醃料〉、**〈混搭調味料〉**的所有材料各自拌勻，在醃漬、炒韭菜和肝的時候加入。

辣味韭菜炒肝

材料
醃料［酒、醬油…各 1 小匙］
混搭調味料［醬油…1/2 大匙
砂糖、豆瓣醬…各 1 小匙
乾紅辣椒（切末）…1/2 根
鹽、胡椒粉…各少量］
作法
〈醃料〉、**〈混搭調味料〉**的所有材料各自拌勻，在醃漬、炒韭菜和肝的時候加入。

基本作法

材料（2 人份）
雞肝…200g
〈醃料〉
韭菜…1 把
大蒜…1 瓣
芝麻油…1 大匙
日本太白粉…適量
炸油…適量
〈混搭調味料〉
鹽、胡椒粉…各少量

作法

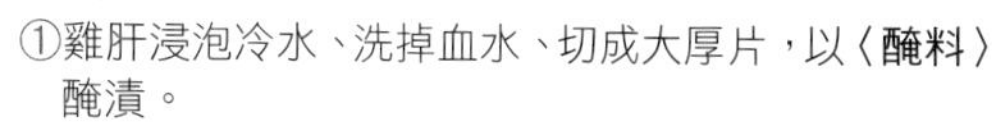

①雞肝浸泡冷水、洗掉血水、切成大厚片，以**〈醃料〉**醃漬。
②韭菜洗淨、切成 5 公分段；大蒜切碎末。
③仔細拭去肝的水分，撒上太白粉，平底鍋倒入炸油約 2 公分深度，熱鍋後下雞肝油炸。
④清理乾淨的平底鍋用芝麻油熱鍋，放入大蒜爆香後加韭菜拌炒，加入③和**〈混搭調味料〉**拌勻後，再以鹽、胡椒粉調味。

如果要去除肝的腥味該怎麼做？

肝臟料理要好吃，重點在於放血。用自來水邊沖邊洗，是一般的放血。但是這種方式也會把重要的營養素也一併洗掉。若用牛奶取代水，則可減少養分流失。只需浸泡在剛好蓋過表面的牛奶裡約20分鐘，也不會太費事。除了牛奶，也可以用已經冷卻、泡到沒味道的綠茶，或是洋蔥泥取代。儘量縮短加熱時間，也是去除腥味的訣竅。

八寶菜

所謂「八」就是很多的意思
可加入自己喜歡的食材
做出個人專屬的美味

基本作法

材料（2人份）

豬五花肉…40g
大白菜…3片
蔥…1/2根
蝦…50g
花枝…40g
鵪鶉蛋(水煮)…4個
炸油…適量
太白粉水…2大匙
芝麻油…1/2小匙
〈混搭調味料〉

作法

①平底鍋以炸油熱鍋，放入切成一口大小的豬五花肉、大白菜、斜切成1公分的蔥段、剝殼處理好的蝦、切成條狀的花枝，快速過油瀝乾。

②用平底鍋拌炒①和鵪鶉蛋，加入〈**混搭調味料**〉和太白粉水炒，待呈現稠狀時淋上芝麻油。

XO醬

所謂XO，就是指白蘭地的「Extra Old」，意味著最頂級的新調味料。實際上並沒有需要熟成的工序，一般材料裡也不含白蘭地。主要材料有蝦仁、干貝、金華火腿等，主要在炒菜時添加，或是當作蘸料使用等，可靈活應用在所有的菜餚上。

〈混搭調味料〉

基本的八寶菜

材料

混搭調味料［雞湯…4大匙
蠔油…2大匙、紹興酒…1大匙
醬油…2小匙、砂糖、鹽…各1/4小匙
胡椒粉…少量］

作法

將所有材料拌勻，在基本作法②中加入即可。

鹽味八寶菜

材料

混搭調味料［酒…1/2大匙
蠔油…1/2小匙
鹽…1/2小匙、砂糖、胡椒粉…各少量］

作法

在基本作法②炒好食材後，加入3/4杯的水煮開，然後加入已經拌勻的〈**混搭調味料**〉即可。

醬油口味八寶菜

材料

醃料［醬油…適量］
混搭調味料［酒…1/2大匙、醬油…1大匙
蠔油…1/2小匙
砂糖…少量、胡椒粉…少量］

作法

在基本作法①豬肉過油之前，先用〈**醃料**〉的醬油醃入味，在基本作法②中炒好食材後，加入1杯的水煮開，再加入〈**混搭調味料**〉即可。

回鍋肉

濃郁的甜麵醬
是決定美味的關鍵
不必外出，就算在家也能做出
讓人吮指的餐廳味道

基本作法

材料（2 人份）

豬肉碎塊…150g
高麗菜…3 片
青椒…1 個
沙拉油…1/2 大匙
〈香味調味料〉
〈混搭調味料〉

作法

①豬肉碎塊切成適口大小，食材均洗淨。高麗菜切大片，青椒去蒂去籽、切成適口大小。

②平底鍋加入沙拉油熱鍋，放入**〈香味調味料〉**炒到聞到香味後，加入豬肉拌炒。等豬肉變色了，再加入高麗菜、青椒。

③待高麗菜炒軟後，淋上**〈混搭調味料〉**，以大火快速拌炒即可熄火。

甜麵醬

以麵粉、鹽、麴為主原料，是一種經過醱酵的調料。加熱後可釋出強烈的香味，因此常用在回鍋肉和麻婆豆腐等菜餚。也是北京烤鴨不可或缺的蘸料，原味也很好吃。炒蔬菜時也可以當祕方使用，使普通菜餚別具一番風味。

〈香味調味料〉

〈混搭調味料〉

香辣下飯的川味回鍋肉

材料

香味調味料［大蒜薄片…1 瓣
乾紅辣椒…2 根］
混搭調味料［酒…1 大匙
醬油…1/2 大匙
甜麵醬…3 大匙］

作法

〈香味調味料〉的乾紅辣椒切成一半、去籽，再將**〈混搭調味料〉**拌勻即可。

韓式燒肉回鍋肉

材料

香味調味料［大蒜薄片…1 瓣
豆瓣醬…1/2 小匙
甜麵醬…1 小匙］
混搭調味料［酒…1/2 大匙
醬油…1 小匙
沙拉油…適量］

作法

在基本作法②中加熱沙拉油，用牛肉 90g（烤肉用的牛肉片）取代豬肉下鍋炒。煎到上色後把牛肉推到邊上，加入**〈香味調味料〉**爆香再一起炒。加入高麗菜、青椒拌炒，再放入**〈混搭調味料〉**拌勻。

車麩回鍋肉

材料

香味調味料［蒜末、薑末…各 1 瓣
芝麻油…適量］
混搭調味料［酒…1 大匙
味噌…1.5 大匙
豆瓣醬…1/2 小匙］

作法

〈混搭調味料〉先拌勻，在基本作法②中用沙拉油熱鍋，**〈香味調味料〉**加適量的蔥末、用 3 個切成一口大小的車麩取代肉下鍋，再加入高麗菜、青椒拌炒。

麻婆豆腐

很下飯的家常菜
只要撒上花椒就能享受麻麻的美味

基本作法

材料（2 人份）

豬絞肉…120g
沙拉油…1 大匙
〈香料蔬菜〉
〈混搭調味料①〉
水…2/3 杯
〈混搭調味料②〉
板豆腐…1 塊
太白粉水…1/2 大匙
芝麻油…1/4 大匙
花椒粉、蔥花…各適量

作法

①平底鍋放沙拉油，以較強的中火熱鍋，一邊拌開絞肉一邊炒。加入**〈香料蔬菜〉**炒到聞到香味。

②加入**〈混搭調味料①〉**拌炒，加水煮開後關小火，蓋上鍋蓋燜煮 3 ～ 4 分鐘。

③加入**〈混搭調味料②〉**攪拌，煮開後放入切丁的板豆腐，待煮滾後轉中火，加入太白粉水快速攪拌，待呈稠狀後撒上芝麻油。

④裝盤，撒上花椒粉、蔥花。

豆瓣醬

以蠶豆為主原料，和大豆、辣椒等醱酵製作而成，是中式辣味調味料的代表。除了可以在炒菜時調味，也適用於炸物和蒸煮的祕方。具有獨特的風味，加熱煮開才是使用上的絕佳訣竅。

〈香料蔬菜〉

〈混搭調味料〉

基本的四川麻婆豆腐

材料

香料蔬菜 [蒜末、薑末…各 1/2 片
蔥末…1/4 根]
混搭調味料① [豆瓣醬…1 小匙
豆豉…1 大匙、酒…1 大匙]
混搭調味料② [甜麵醬…1.5 大匙
醬油…1/2 大匙]

作法

仔細拌勻**〈混搭調味料①〉**和**〈混搭調味料②〉**，參照基本作法。

和風麻婆豆腐

材料

混搭調味料 [味噌…1 大匙
砂糖…1 小匙、酒…1 小匙
高湯…1 又 1/4 杯、醬油…1/2 大匙
柚香胡椒粉…少量]
山椒粉、太白粉水…適量

作法

在基本作法①中，用 1/2 根的蔥末取代**〈香料蔬菜〉**，並炒香 2 片香菇末。加入仔細拌勻的**〈混搭調味料〉**煮開，以太白粉水勾芡，加入板豆腐煮滾，盛盤後撒上山椒粉。

蒸、煮料理

煮魚

蒸得熱騰騰的魚
有著讓人懷念的媽媽味道

基本作法

材料（2 人份）
紅大目仔…2 片
〈煮汁〉
高湯（或水）…1.5 杯
薄切薑片…1 片

作法
①將〈煮汁〉和高湯（或水）、薑片放進鍋裡煮。
②煮滾後打開鍋蓋，放入先前稍微煎過的紅大目仔，蓋上內蓋蒸煮，一面添加煮汁一面煮。

〈煮汁〉

基本的煮魚

適用於：紅肉魚等

材料
煮汁 [酒、砂糖…各 2 大匙
醬油…2 大匙]

作法
材料放進鍋裡煮開即完成。

用薑消除腥味

薑的香味成分—薑烯酚、薑粉、薑辣素，具有消除臭味的效果。這些成分以接近表皮含量最多，因此使用訣竅在於連皮使用，或是削皮時消薄一點。除了消除腥臭味之外，也具有殺菌效果。

味噌煮魚

適用於：青魚等

材料
煮汁 [酒…1 大匙、鹽…3 小匙
薄切薑片…1 片]
調味 [砂糖…1.5 大匙
味噌…3 大匙]

作法
〈煮汁〉的材料放進鍋裡煮開，然後加入〈調味〉再煮一下即完成。

檸檬奶油煮魚

適用於：白肉魚等

材料
煮汁 [白酒…1/4 杯、鹽…1/2 小匙]
調味 [奶油…1.5 大匙]
潤飾 [檸檬汁…2 大匙]

作法
平底鍋放適量沙拉油（分量外）熱鍋，並排放入兩片魚。煎 2 ～ 3 分鐘到兩面上焦色，取出。放入所有〈煮汁〉的材料，煮 2 ～ 3 分鐘。再把先前煎的魚放進鍋裡，加入〈調味〉煮一下，最後撒上檸檬汁即可熄火。

番茄汁煮魚

適用於：青魚等

材料
煮汁 [味醂…2 小匙
砂糖…1 小匙
醬油…2.5 大匙
番茄汁…1/4 杯]

作法
把材料放進鍋裡，用大火煮開即可。

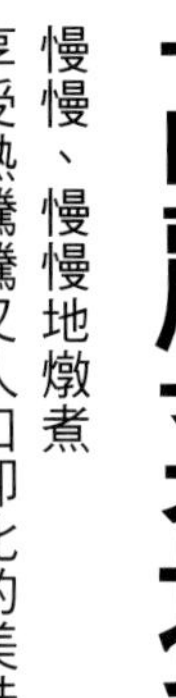

高麗菜捲

慢慢、慢慢地燉煮
享受熱騰騰又入口即化的美味

基本作法

材料（2 人份）

高麗菜…4 片	麵包粉…20g
豬牛混合絞肉…160g	鹽…1/2 小匙
洋蔥末…1/4 個	胡椒粉…少量
蛋…1 個	**〈湯的材料〉**

作法

①用保鮮膜包覆高麗菜，送進微波爐 (500W) 加熱約 2 分鐘。

②碗裡放混合絞肉、洋蔥、蛋、麵包粉、鹽、胡椒粉，仔細拌勻並分成 4 等分，整成圓桶狀。

③切掉高麗菜的硬梗，用葉面包裹②和切下的硬梗。並排在鍋裡，加入〈湯的材料〉加熱。

④煮開後蓋上內蓋蒸煮約 20 分鐘，即可起鍋盛盤。

〈湯的材料〉

基本的番茄風味高麗菜捲

材料
水煮番茄（罐裝）…1/2 罐 (200g)
番茄醬…2 大匙
鹽、胡椒粉…各少量、高湯塊…1 個
月桂葉…1 片、水…1 又 1/4 杯
作法
在基本作法③中放入材料蒸煮。

基本的高湯高麗菜捲

材料
高湯塊…1 個
鹽、胡椒粉…各少量、水…2 杯
作法
在基本作法③中放入材料蒸煮。

和風高麗菜捲

材料
味醂…1 大匙
薄口醬油…2 大匙
和風高湯粉…1 小匙、水…2 杯
作法
在基本作法③放入材料蒸煮。

酸奶油煮番茄醬高麗菜捲

材料
番茄醬、酸奶油、水…各 1/2 杯
月桂葉…1 片、鹽…1 小匙
胡椒粉…少量
作法
在基本作法③放入材料蒸煮。

製作高麗菜捲要用冬季的高麗菜

一般提到高麗菜，依產季可分成三類。有葉片較薄、口感較硬的夏秋高麗菜，以及具有紮實的葉片和甜味特徵的冬季高麗菜，以及葉片捲度平緩且甜度高的春季高麗菜。如果要做高麗菜捲，則最好選擇冬季高麗菜，長時間燉煮可使較硬的葉片柔軟，更能增添美味。

燒賣

經過簡單調味
搭配熱呼呼的燒賣
就能享受到不同醬料的特調風味

基本作法

材料（4 人份）

燒賣皮…20 張	豬絞肉…300g
洋蔥…1/4 個	**〈內餡調味料〉**
香菇…2 朵	**〈醬汁〉**
蝦…70g	

作法

①洋蔥、香菇切碎，撒一些日本太白粉（分量外）在洋蔥上。

②蝦子剝殼、去腸泥和尾部，加鹽、日本太白粉、水各少量（都是分量外）輕輕搓揉、洗淨，拭去水分後切成碎粒。

③將豬絞肉和蝦子放進碗裡仔細搓揉，加入①與**〈內餡調味料〉**拌勻成餡料。

④把餡料包進燒賣皮裡，一面按壓餡料，一面輕輕收緊燒賣皮，一一完成。

⑤放入蒸籠中，開大火蒸 8 ～ 10 分鐘即可取出，食用時沾喜好的**〈醬汁〉**。

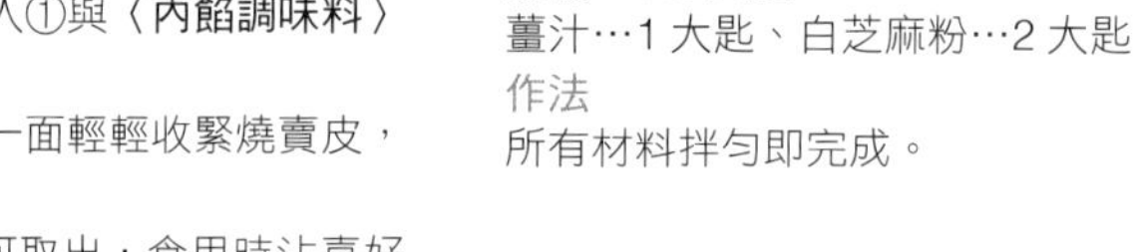

〈內餡調味料〉

基本的調味料

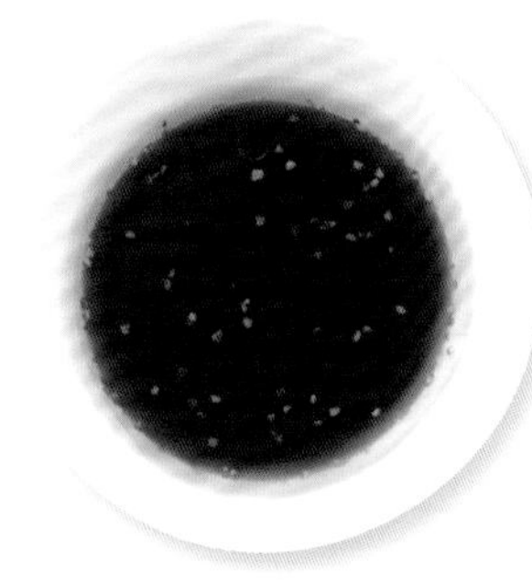

材料

砂糖…2 小匙、醬油…2 小匙
鹽…1/2 小匙、胡椒粉…少量
芝麻油…2 小匙
蠔油…1/2 小匙

作法

所有材料拌勻即完成。

起司調味料

材料

酒…1 大匙、醬油…1 小匙
鹽…1/2 小匙、胡椒粉…少量
日本太白粉…1 大匙
起司…4 片
蛋液…1/2 個

作法

起司切成小四方塊，所有材料拌勻即完成。

〈醬汁〉

魚露醬

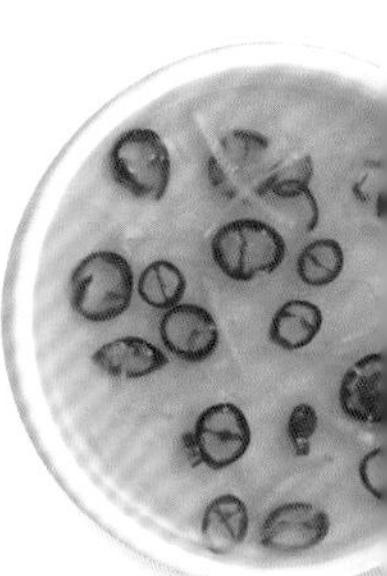

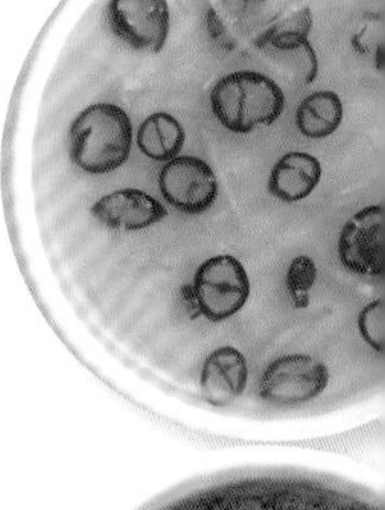

材料

砂糖…1 大匙、魚露、醋、水…各 2 大匙
薑絲、蒜泥…各 1/2 小匙
乾紅辣椒切末…1 根

作法

所有材料拌勻即完成。

薑汁風味醬

材料

醬油… 5 大匙
雞湯…1.5 大匙
薑汁…1 大匙、白芝麻粉…2 大匙

作法

所有材料拌勻即完成。

紫蘇梅醬

材料

醋…4 大匙、紫蘇梅醬…2 小匙
白芝麻…適量

作法

所有材料拌勻即完成。

蒜味優格醬

材料

砂糖…1.5 小匙
醬油… 1.5 大匙
優格（無糖）…4 大匙
蒜泥…2 小匙

作法

所有材料拌勻即完成。

XO 醬風味醬

材料

醬油、醋…各 3 大匙
XO 醬、豆瓣醬…各 1 小匙
蒜泥…1 瓣
芝麻油…2 大匙

作法

所有材料拌勻即完成。

棒棒雞

芝麻醬配棒棒雞最對味
用黃金芝麻取代白芝麻更是絕配

〈混搭醬料〉

基本的醬汁

材料
砂糖、醬油、醋…各 2 大匙
白芝麻醬…3 大匙
芝麻油…1 大匙
作法
所有材料拌勻即完成。

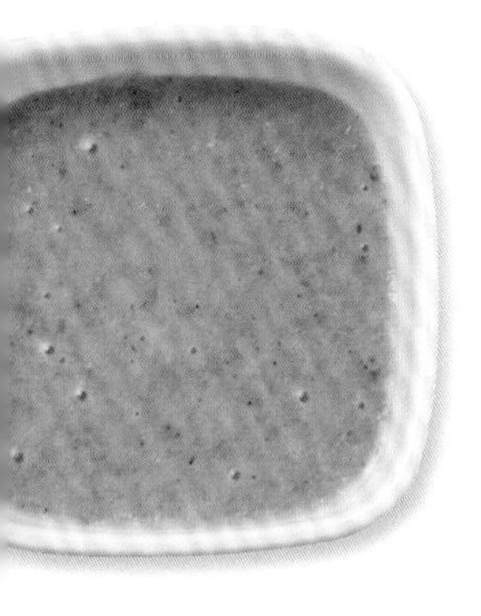

美乃滋芝麻醬

材料
砂糖…1.5 大匙
醬油…2 小匙
美乃滋…3 大匙
白芝麻粉…2 大匙
作法
所有材料拌勻即完成。

味噌醬

材料
砂糖、醋…各 1.5 大匙
醬油…2 大匙
白芝麻醬…2.5 大匙
味噌…1 大匙
芝麻油…1 大匙
白芝麻…1 小匙
作法
所有材料拌勻即完成。

基本作法

材料（2 人份）
雞胸肉…1 片
小黃瓜…1 條
番茄…1/2 個
萵苣…2 片
〈混搭醬料〉
作法
①雞胸肉水煮 5 ～ 7 分鐘，蓋上鍋蓋靜置 30 分鐘後冷卻，切成 1 公分寬的條狀。
②小黃瓜用刨刀切成細絲，番茄切薄片，萵苣切絲。
③把①、②放入碗裡拌勻，淋上〈混搭醬料〉。

用黃金芝麻讓層次更豐富

柔和的風味、和任何食物都很搭的白芝麻，和具有獨特風味的黑芝麻，由兩種芝麻品種改良的黃金芝麻，具有香氣濃郁、口感更厚實的特徵。油分含量也是三種裡最多，若用黃金芝麻醬當作棒棒雞的淋醬，就可享受到更豐富的口感。

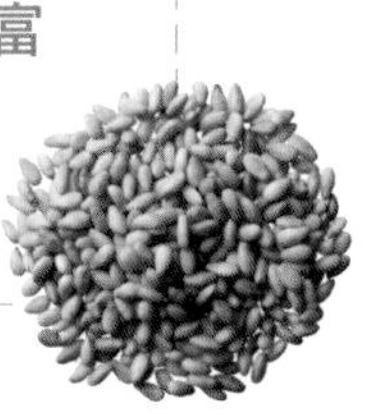

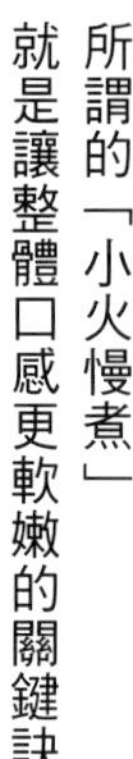

水煮豬肉

所謂的「小火慢煮」
就是讓整體口感更軟嫩的關鍵訣竅

基本作法

材料（4 人份）
豬五花肉塊…500g
喜歡的蔬菜
〈混搭醬料〉

作法

①鍋子裡放進豬五花肉塊和［水 5 杯、酒 1/4 杯、鹽 1 小撮、薑片 2 ～ 3 片、蔥綠色部分 1 ～ 2 根（全部都是分量外）］開火煮到沸騰後，撈掉上面的浮沫，轉中火煮 40 ～ 50 分鐘。熄火，靜置冷卻到煮湯摸起來不燙為止。

②水煮豬肉切成 0.5 公分厚度，附上蔬菜擺盤。

③淋上拌勻的**〈混搭醬料〉**即完成。

利用中式香料變換口味

丁香和八角是用在藥膳的生藥之一，具有極佳的消除腥臭味效果。若把丁香塞進豬肉上劃十字的縫裡，可享受到更強烈的香味，兩者都必須在料理端上桌前去除。

〈混搭醬料〉

洋蔥醬

材料
洋蔥泥…1 個
醬油、味醂…各 4 大匙
酒…2 大匙、水…1/2 杯

作法
材料拌勻後放進鍋裡，邊煮邊攪拌到滾。在基本作法③中淋在豬肉上。

番茄香料醬

材料
番茄（切 0.5 公分塊狀）…1 個 (約 300g)
洋蔥（切碎末）…1/4 個 (約 40g)
荷蘭芹（切碎末）…2 大匙
醋、顆粒芥末醬…各 1 大匙、鹽…1/2 小匙
胡椒粉…少量、橄欖油…3 大匙

作法
所有材料拌勻，在基本作法③中淋在豬肉上。

蠔油醬

材料
醬油…1/2 大匙
蠔油…2 大匙、砂糖…1 大匙

作法
所有材料拌勻，在基本作法③中淋在豬肉上。

青醬

材料
橄欖油…2 大匙、檸檬汁…1.5 大匙
醃酸黃瓜…1 條
荷蘭芹、洋蔥…各 1 大匙
酸豆…1/2 大匙、大蒜…1/2 小匙
鯷魚…1 條、鹽…1/4 小匙
胡椒粉…少量、辣醬油…1/4 小匙

作法
酸黃瓜、荷蘭芹、洋蔥、酸豆、大蒜、鯷魚切成碎末，所有材料拌勻，在基本作法③中淋在豬肉上。

中式調醬

材料
紹興酒、砂糖、辣椒粉…各 1 小匙
醬油…1 大匙、醋…2 小匙
白芝麻…2 小匙、蔥末…2 小匙
薑末…1 小匙

作法
所有材料拌勻，在基本作法③中淋在豬肉上即可。

蕪菁泥蒸魚

基本作法

材料（2 人份）

白肉魚…2 片
昆布…10 公分
酒…適量
鹽…適量
蕪菁…200 ～ 250g
薄口醬油…1 小匙
蛋白…1/2 個
〈蕪菁泥蒸魚的芡汁〉
蘿蔔泥、薑泥…各適量

作法

①白肉魚並排在鋪著昆布的深盤裡，撒上酒和鹽，放進蒸籠蒸 5 分鐘，取出裝盤。
②蕪菁用刨刀削去厚一點的皮，磨成泥並過篩濾掉水分。
③用薄口醬油加入蕪菁泥調味，加入蛋白攪拌。
④再放進深盤，開較大的中火蒸 6 ～ 8 鐘，等蕪菁蒸到熱騰騰之後，擺在魚的上面。
⑤淋上〈芡汁〉，最後放上蘿蔔泥、薑泥即完成。

浸煮

基本作法

材料（4 人份）

茄子…4 條
〈煮汁〉
蔥輪切片、柴魚片…各適量

作法

①茄子洗淨、去皮備用。
②在鍋子裡將〈煮汁〉煮滾，放入茄子以中火煮 10 ～ 15 分鐘到完全軟爛。
③熄火，等降溫到摸起來不燙後再裝盤，撒上蔥輪切片和柴魚片即完成。

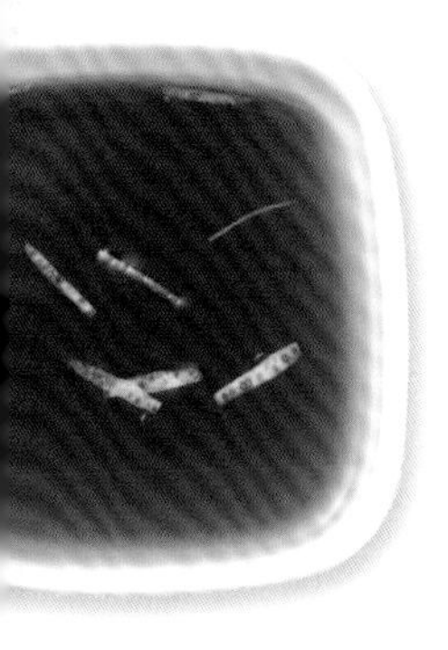

〈芡汁〉

基本的芡汁

材料

味醂…1 小匙、陳年醬油…2 小匙
高湯…2/5 杯、柚皮（切細絲）…少量
太白粉水…1/2 小匙

作法

所有材料拌勻、煮開即可。

蟹肉芡汁

材料

蟹肉罐頭…40g
A[紹興酒或酒…1 大匙
砂糖…1/4 小匙
中式高湯…1.5 杯
鹽…1/2 小匙、薑汁…1/2 小匙]
日本太白粉…適量、蛋白…1 個

作法

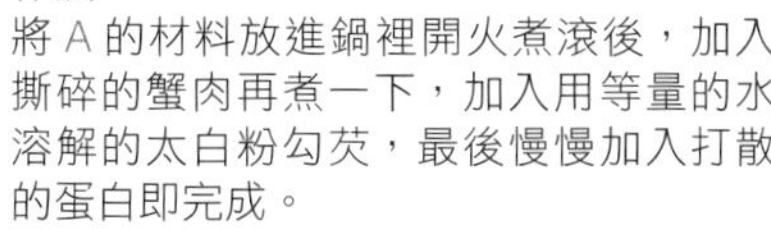

將 A 的材料放進鍋裡開火煮滾後，加入撕碎的蟹肉再煮一下，加入用等量的水溶解的太白粉勾芡，最後慢慢加入打散的蛋白即完成。

〈煮汁〉

基本的浸煮

適用於：蔬菜浸煮

材料

酒…2 大匙
味醂、醬油…各 2 小匙
高湯…1.5 杯
鹽…1 小撮

作法

所有材料拌勻，在基本作法②中加入。

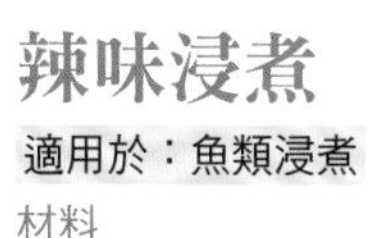

辣味浸煮

適用於：魚類浸煮

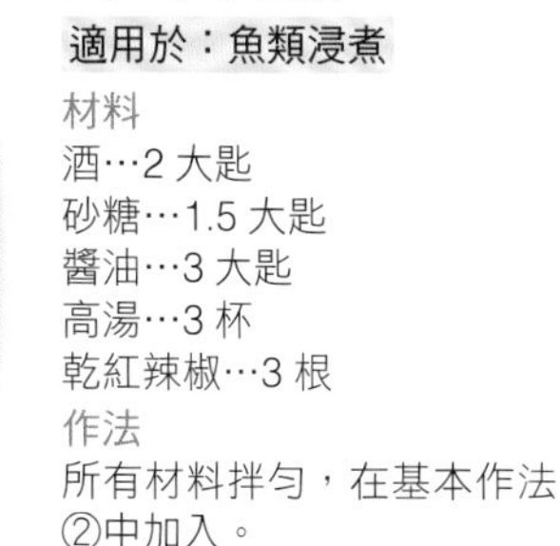

材料

酒…2 大匙
砂糖…1.5 大匙
醬油…3 大匙
高湯…3 杯
乾紅辣椒…3 根

作法

所有材料拌勻，在基本作法②中加入。

燉羊栖菜

基本作法

材料（4 人份）
羊栖菜…30g
紅蘿蔔…1/2 根
水煮大豆 (罐頭)…1 罐 (40g)
沙拉油…1 大匙
〈煮汁〉

作法

①羊栖菜用充足的水浸泡約 30 分鐘還原。
②瀝乾羊栖菜的多餘水分，如果太長則切成適口長度。紅蘿蔔削皮、切成 3 公分長的棒狀。
③平底鍋放沙拉油熱鍋，以中火炒一下羊栖菜，加入紅蘿蔔拌炒，再加入水煮大豆。倒入〈煮汁〉後蓋上內蓋以中火燜煮到煮汁幾乎收乾即完成。

〈煮汁〉

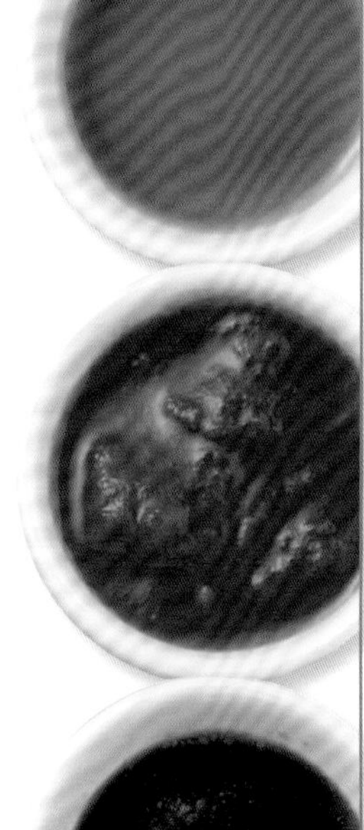

基本的羊栖菜煮汁

材料
酒、味醂…各 2 大匙
醬油、砂糖…各 3 大匙、高湯…1 杯
作法
所有材料拌勻，在基本作法③中加入。

羊栖菜的番茄煮汁

材料
水煮番茄切片（罐裝）…1/2 罐 (200g)
高湯粉…1 小匙
番茄醬…1 大匙、水…1/2 杯
作法
所有材料拌勻，在基本作法③中加入。

羊栖菜的奶油醬油煮汁

材料
煮汁 [酒、醬油…各 1 大匙
砂糖…2 小匙、高湯粉…1/2 小匙
水…1/2 杯]
奶油…1 大匙
作法
在基本作法③中，用奶油取代沙拉油炒所有食材。充分拌勻煮汁的材料，加入拌炒的食材裡。

基本作法

材料（2 人份）
雞腿肉…1/2 隻
牛蒡…1/4 根
蓮藕…1 小節
乾香菇…2 朵
紅蘿蔔…1/4 根
煮熟的竹筍…80g
小芋頭…4 個
沙拉油…少量
〈煮汁〉
荷蘭豆…6 個

作法

①鍋子放沙拉油熱鍋，加入切成適口大小的雞腿肉、切斜段的牛蒡、切成適口大小的蓮藕、浸水還原並切半的香菇、滾刀切的紅蘿蔔、十字切厚片的竹筍、滾刀切的小芋頭拌炒。
②加入〈煮汁〉、撈掉浮沫，蓋上內蓋蒸煮 30 分鐘左右。
③最後加入以鹽水汆燙過的荷蘭豆即完成。

〈煮汁〉

基本的筑前煮

材料
酒…1.5 大匙
味醂…1 大匙
砂糖…2 大匙
醬油…1.5 大匙
小魚干高湯…3/4 杯
乾香菇還原汁…1.5 大匙
作法
所有材料拌勻，在基本作法②中加入。

咖哩筑前煮

材料
酒、味醂…各 2 大匙
醬油…1 大匙、高湯…1 杯
咖哩粉…1 小匙
作法
所有材料拌勻，在基本作法②中加入。

馬鈴薯燉肉

基本作法

材料（4 人份）
馬鈴薯…小型 4 個
紅蘿蔔…1 根
洋蔥…2 個
牛肉薄片…200g
四季豆…80g
沙拉油…少量
〈煮汁〉

作法
①食材洗淨。馬鈴薯去皮切成適口大小，紅蘿蔔去皮滾刀切塊，洋蔥去皮切成薄片，四季豆去頭尾、汆燙後切 3 等分。
②以沙拉油熱鍋，放入紅蘿蔔、馬鈴薯、洋蔥輕輕拌炒。
③加入牛肉，待肉的顏色改變，加入〈煮汁〉煮滾後撈掉浮沫，蓋上內蓋用中火燜煮約 15 分鐘，盛盤，撒上四季豆裝飾。

〈煮汁〉

基本的馬鈴薯燉肉

材料
味醂、酒…各 1.5 大匙
砂糖、醬油…各 2 大匙、高湯…1.5 杯
作法
所有材料拌勻，在基本作法③中加入。

韓式馬鈴薯燉肉

材料
香味 [蒜末…2 小匙
薑末…2 小匙]
煮汁 [醬油…3 大匙、酒、砂糖…各 1 大匙
煮小魚干高湯…2.5 杯
韓式辣椒醬…2 大匙]
潤飾 [白芝麻粉…2 大匙、芝麻油…1 大匙]
作法
在基本作法②炒食材之前，先放沙拉油、〈香味〉爆香。〈煮汁〉的所有材料拌勻，在基本作法③中加入。蓋上內蓋以中火燜煮，最後加〈潤飾〉快速拌一下。

鹽味馬鈴薯燉肉

材料
大蒜…2 瓣，酒、味醂、砂糖…各 2 小匙
高湯…1.5 杯
鹽…1/2 小匙、粗粒黑胡椒粉…少量
作法
在基本作法②以小火炒大蒜，待大蒜微微變色後取出。〈煮汁〉的所有材料拌勻，在基本作法③加入。

酒蒸蛤蜊

基本作法

材料（2 人份）
蛤蜊…250g
細蔥（切末）…1/2 根
〈混搭調味料〉

作法
①蛤蜊吐沙後，在水裡搓洗外殼。
②將蛤蜊放進鍋子或平底鍋，撒上〈混搭調味料〉，蓋上鍋蓋開中火，煮到冒出蒸氣後等 1 分鐘，再迅速攪拌。
③再次蓋上鍋蓋，等蛤蜊殼全開，再撒上細蔥拌一下，熄火。

〈混搭調味料〉

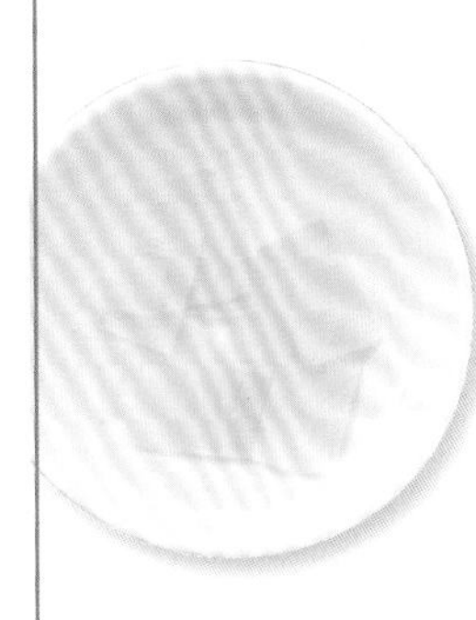

基本的酒蒸蛤蜊

適用於：蛤蜊和白肉魚
材料
薑…1/2 片、酒…2 大匙
作法
在基本作法②中加入材料再繼續蒸煮。

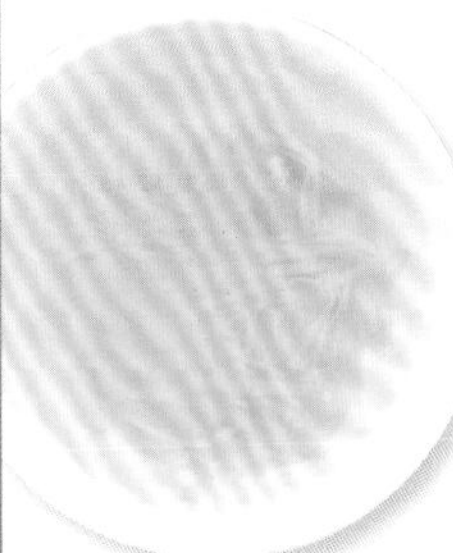

高湯酒蒸蛤蜊

材料
酒…2 大匙、薄口醬油…少量
高湯…1/4 杯
薑切細絲…1/2 片
作法
在基本作法②中加入材料蒸煮。

香草奶油酒蒸蛤蜊

材料
奶油…2 大匙
檸檬汁…1/2 大匙
荷蘭芹…1 大匙
胡椒粉、鹽…各適量
白酒…2 大匙
作法
在基本作法②中加入材料蒸煮。

滷豬肉

基本作法

材料（4 人份）

豬五花肉塊…600g

豆渣…適量

〈煮汁〉

〈潤飾〉

細蔥（切末）…適量

作法

①豬肉脂肪部分朝下，並排在平底鍋裡煎，撈出溶出的油脂再整個煎到上色，取出後浸在熱開水裡。

②鍋子裡放①和豆渣，倒水漫過食材，蓋上內蓋開大火煮，待水滾後轉小火燜煮 1 ～ 1.5 小時。待豬肉變軟取出，切成 4 ～ 5 公分厚度。

③鍋子裡放豬肉和〈**煮汁**〉開中火煮約 25 分鐘，加入〈**潤飾**〉的材料，再蓋上內蓋燜煮 5 ～ 10 分鐘，撒上蔥花。

〈煮汁〉、〈潤飾〉

燉肉塊

材料

煮汁 [酒、味醂…各 3/5 杯
砂糖、醬油…各 2 大匙
水…2 杯]

潤飾 [醬油…1 大匙
薑切薄片…4 ～ 5 片]

作法

在基本作法③中將〈**煮汁**〉的材料放入鍋子開中火煮，最後加入〈**潤飾**〉的材料即可。

沖繩東坡肉

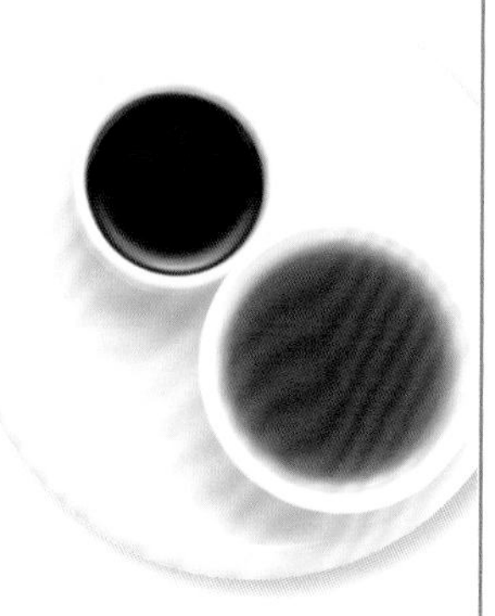

材料

煮汁 [高湯…2 ～ 3 杯
泡盛酒…3/5 杯
黑糖…4 大匙]

潤飾 [醬油…1/2 杯]

作法

在基本作法③加入〈**煮汁**〉的高湯和泡盛酒煮，待煮滾後加入黑糖蓋上鍋蓋，轉小火煮約 20 分鐘。分三次約 10 分鐘的時間，倒入〈**潤飾**〉的醬油燜煮即可。

茶碗蒸

基本作法

材料（2 人份）

雞柳…1 條	鴨兒芹…2 根
蝦…2 尾	銀杏…4 粒
酒…1 小匙	蛋…1 個
鹽…少量	**〈高湯〉**
香菇…1 朵	

作法

①材料洗淨。雞柳片成適口大小，蝦去尾剝殼、用酒和鹽醃漬。香菇切薄片、銀杏剝殼煮約 3 分鐘後去皮，鴨兒芹切小段。將材料的 1/2 量放進耐熱碗裡。

②蛋打進碗裡仔細攪拌，加入〈**高湯**〉拌勻，以細目濾網過篩，慢慢倒入剩下的 1/2 量的食材。

③蒸籠水煮滾後放入②，蓋上裹著毛巾的鍋蓋後開大火煮 1 分鐘，轉小火蒸 15 分鐘。

〈高湯〉

基本的茶碗蒸

材料

高湯 [酒…1/2 小匙
味醂…1 小匙、高湯…1.5 杯
薄口醬油…2 小匙、鹽…少量]

作法

在基本作法②中將〈**高湯**〉和蛋液拌勻，用濾網過篩後倒進碗裡。

中式茶碗蒸

材料

高湯 [味醂…1 小匙、薄口醬油…1/2 小匙
中式高湯…2 杯、鹽、胡椒粉…各少量]

作法

在基本作法②中將〈**高湯**〉和蛋液拌勻，用濾網過篩後倒進碗裡。

〈芡汁〉

澆芡茶碗蒸

材料

芡汁 [高湯…1/2 杯
酒、薄口醬油、薑泥…各少量
太白粉水 (日本太白粉…1/2 小匙、
水…1 小匙)]

作法

把〈**芡汁**〉中太白粉水以外的材料加熱，煮開後再加入太白粉水勾芡，淋在蒸好的茶碗蒸上即完成。

煮白蘿蔔

基本作法

材料（2 人份）
蘿蔔…6 公分
昆布（10 公分塊狀）…1 片
〈味噌醬〉
柚皮（切細絲）…適量

作法

①蘿蔔輪切成 3 公分厚度、削皮後去稜角。盛盤時朝下的那面用菜刀劃隱形十字。
②鍋子裡放昆布，將蘿蔔排在上面，加水到蓋過表面後開中火煮。待煮開後轉小火煮 30 ～ 40 分鐘，煮到用竹籤可輕鬆插入即可。
③蘿蔔盛盤，依個人喜好淋上**〈味噌醬〉**，撒上柚皮飾頂。

〈味噌醬〉

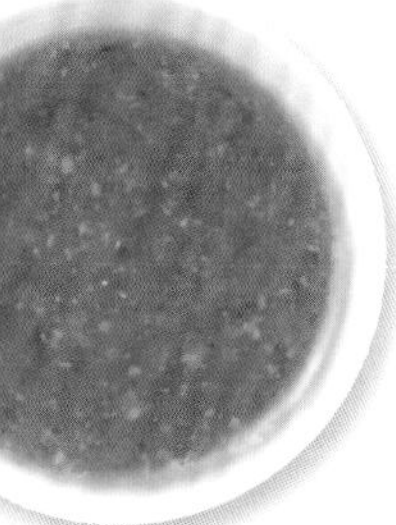

基本的味噌醬

材料
赤味噌…50g、酒…1 大匙
高湯、砂糖…各 1.5 大匙
白芝麻醬…1/2 大匙

作法
所有材料放進小鍋拌勻，開小火煮到變糊狀即可。

柚香味噌

材料
味噌…1/2 大匙、砂糖…1/2 大匙
高湯（昆布高湯為宜）…1 大匙
柚香胡椒粉…少量

作法
所有材料拌勻。

白玉味噌

材料
白味噌…200g
味醂、酒…各 1 大匙
蛋黃…1 個

作法
白味噌過篩，將所有材料放入小鍋裡拌勻，開小火煮到變糊狀。

蘿蔔滷鰤魚

基本作法

材料（2 人份）
蘿蔔…8 公分
鰤魚…2 片
薑絲…適量
〈煮汁〉

作法

①蘿蔔輪切成 2 公分厚度、削皮後去稜角。鍋子放水蓋過蘿蔔表面加熱，待水煮開後轉小火煮到竹籤可輕鬆插入，浸水備用。
②鰤魚切成 2 ～ 3 等分，撒鹽靜置 10 分鐘。放在濾篩上澆熱開水，再以冷水清洗。
③鍋子裡放**〈煮汁〉**的水和鰤魚，開火煮到滾，加入**〈煮汁〉**的酒再煮到滾，稍微關小火，撈掉浮沫。
④加入蘿蔔煮 5 分鐘，加入剩下的**〈煮汁〉**材料，轉小火蓋上內蓋煮約 30 分鐘，撒上薑絲即可。

〈煮汁〉

基本的蘿蔔滷鰤魚

材料
酒、砂糖、味醂…各 2 大匙
醬油…2.5 大匙
水…1.5 杯

作法
所有材料拌勻，在基本作法③、④中加入煮開。

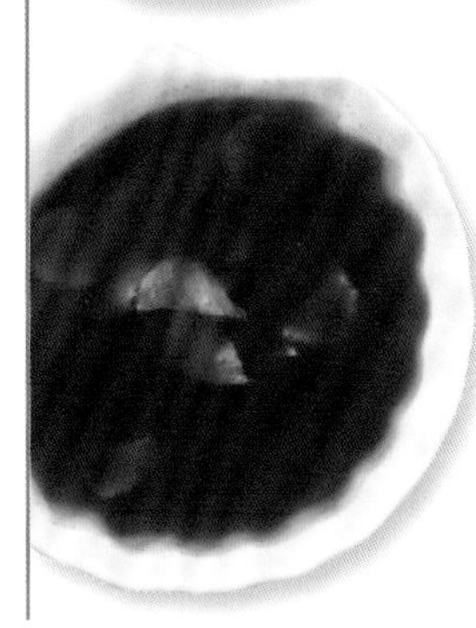

韓式辣醬蘿蔔滷鰤魚

材料
酒…1/4 杯、砂糖…1/2 大匙
醬油…1 大匙
韓式辣醬…1.5 大匙
薑…1 片
水…1.5 杯

作法
所有材料拌勻，在基本作法③、④中加入煮開。

墨西哥辣肉醬

基本作法

材料（4 人份）

大紅豆…1 杯
沙拉油…2 大匙
蒜末…1 瓣
洋蔥末…小型 1 個
牛絞肉…200g
〈煮汁〉

作法

①大紅豆洗淨，泡水一晚（約 10 小時）還原，瀝乾後放入鍋裡，加入蓋過表面的水煮開。一面撈掉浮沫，一面轉小火慢煮到變軟，不須加蓋，加熱 1.5 ～ 2 小時。

②深口鍋放沙拉油熱鍋，放入蒜末、洋蔥末炒到熟透，加入牛絞肉仔細拌炒。倒入〈煮汁〉的材料，用中火煮到入味。

③豆子去水分後加入，再煮 20 分鐘左右，到豆子呈脹大狀態即可。

〈煮汁〉

基本的辣肉醬

材料

水煮番茄（罐裝）…1 罐 (400g)
水…1 杯
番茄糊、番茄醬…各 3 大匙
月桂葉…2 片，辣椒粉、奧勒岡、小茴香籽…各 1/2 小匙
高湯塊…1 個
鹽…1/2 小匙
胡椒粉…少量

作法

在基本作法②中加入。

簡易辣肉醬

材料

大蒜…1 瓣
水煮番茄（罐裝）…1 罐 (400g)
高湯塊…1 個、月桂葉…1 片
咖哩粉…2 小匙、鹽…少量
胡椒粉…少量

作法

在基本作法②中加鹽、胡椒粉以外的材料進鍋子裡煮，最後再加鹽、胡椒粉調味。

義式水煮魚

基本作法

材料（4 人份）

白肉魚…1 尾
蛤蜊…300g
小番茄…12 個
鹽、胡椒粉…各少量
麵粉…2 大匙
橄欖油…3 大匙
大蒜薄片…1 瓣
鴻喜菇…1/2 包
〈煮汁〉

作法

①白肉魚（石斑魚、鯛魚等）去鱗和內臟、洗淨後拭乾水分，撒鹽、胡椒粉，抹上一層薄薄的麵粉。

②蛤蜊吐沙、洗淨，番茄縱切成一半。

③平底鍋用橄欖油熱鍋，將魚的兩面煎到上焦色。放入蒜片、小番茄、鴻喜菇一起煮。

④將〈煮汁〉加入平底鍋，煮滾後轉中火，加入蛤蜊用中火煮到開口。

〈煮汁〉

基本的義式水煮魚

適用於：白肉魚等

材料

酸豆…12 個、黑橄欖…6 個
白酒…8 大匙、水…2 杯

作法

所有材料拌勻，在基本作法④中加入。

番茄水煮魚

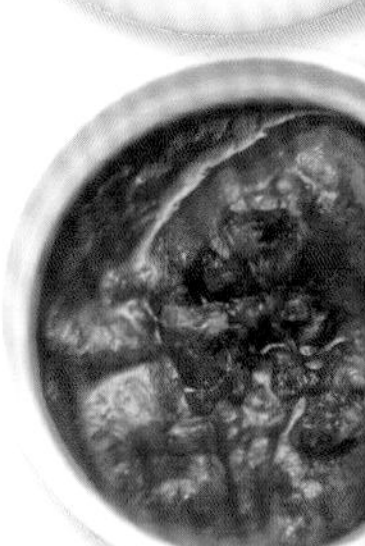

適用於：白肉魚等

材料

醃鯷魚… 2 小片、油漬番茄乾…20g
水煮番茄（罐裝）…2/3 罐 (260g)
水…1/2 杯

作法

基本作法②中不使用小番茄。所有材料拌勻，在基本作法④中加入。

和風水煮魚

適用於：白肉魚等

材料

酒…1/2 杯、味醂、醋…各 1 大匙
薄口醬油…2 大匙、水…1 杯

作法

所有材料拌勻，在基本作法④加入。

炸物

和風炸雞

醃料和醬汁的組合
碰撞出讓人驚艷的百變口味

基本作法

材料（2 人份）
雞腿肉…1 片
〈醃醬〉
麵粉…適量

作法

①雞肉切成一口大小，用〈**醃醬**〉充分搓揉入味。
②在雞肉上面抹上一層薄薄的麵粉，熱油鍋至 170℃炸到酥脆，再淋上〈**混搭醬料**〉享用。

一定要用小母雞嗎？

說到和風炸雞，馬上令人聯想到「小母雞的和風炸雞」，但為什麼是小母雞呢？因為小母雞肌肉纖維較細且柔軟，調理時比較容易入味。老母雞肉質比較紮實、口感比較濃郁，但是不適合用來做和風炸雞。好吃的和風炸雞的決定性關鍵在於肉汁豐富的口感和醃醬。

〈醃醬〉

基本的醃醬

材料
薑泥…2 小匙
醬油…1.5 大匙
酒…1 小匙

作法
所有材料拌勻，放入雞肉搓揉。

蠔油風醃醬

材料
蠔油…1/2 大匙
蛋液…1/2 個
蒜泥…1/2 小匙
胡椒粉…少量

作法
所有材料拌勻，放入雞肉搓揉。

魚露風醃醬

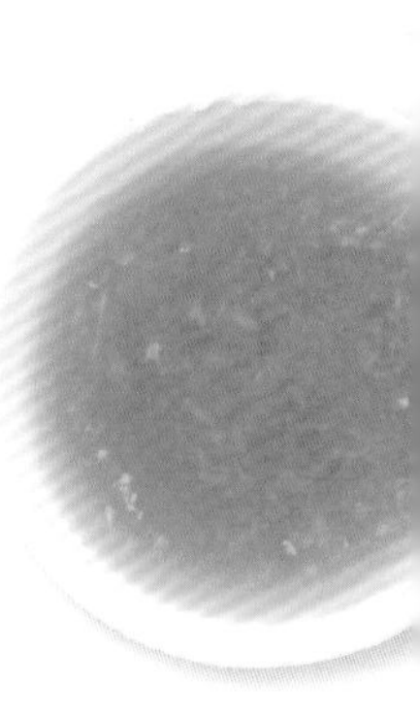

材料
酒、魚露…各 1 大匙
蒜泥…1/2 小匙
薑泥…1 大匙

作法
拌勻材料，放入雞肉搓揉。

〈混搭醬料〉

炸雞的梅醬

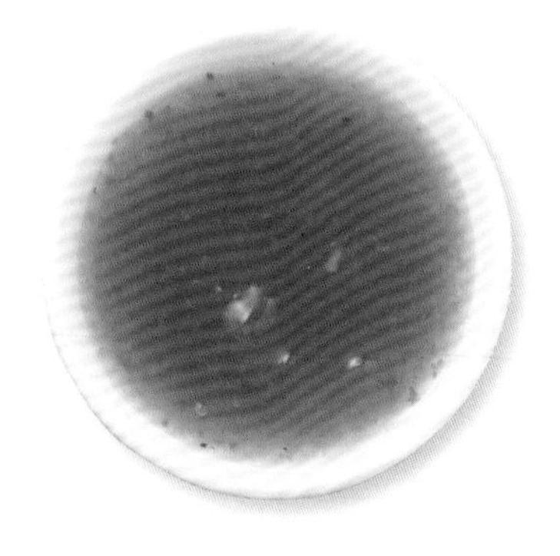

材料
梅干…3 個、高湯…1 杯
醬油、醋…各 1 大匙

作法
混合材料、放進小鍋裡煮，待沸騰後加入 1 大匙的太白粉水勾芡。

炸雞的香料柑橘醋醬

材料
醃料 [鹽…1/2 小匙、胡椒粉…少量]
混搭醬料 [柑橘醋醬油（市售品）…4 大匙、細蔥切末…1/2 支
蘘荷碎末…2 個
薑碎末…1/2 片]

作法
用鹽、胡椒粉醃肉。〈**混搭醬料**〉則混合所有材料即可。

油淋雞

基本作法

材料（2 人份）

雞腿肉…1 片
酒…2 大匙
醬油…1 大匙
胡椒粉…少量
麵粉…2 大匙
沙拉油…1 大匙
炸油…適量
〈油淋雞的醬汁〉

作法

①雞肉對半切開、切斷筋的部分，放入碗裡加酒、醬油、胡椒粉，用手搓揉入味，靜置 10 分鐘。

②在雞肉上輕輕抹上麵粉，再淋上沙拉油。

③平底鍋倒入約 1 公分深的炸油，開中火熱鍋。在油溫尚低時，雞皮朝下放入鍋裡，炸 4 ～ 5 分鐘，待炸出金黃焦色時翻面炸 2 分鐘。

④待整體呈金黃焦色時，取出放在濾架上。再度放回炸油裡，一面翻面一面炸約 1 分鐘。

⑤取出雞肉、瀝油，靜置 5 分鐘。切成適口大小、擺盤，淋上**〈油淋雞的醬汁〉**

〈醬汁〉

基本的油淋雞醬汁

材料

醬油、砂糖、醋、水…各 1 大匙
蔥末…1 大匙
芝麻油…1/2 大匙
薑末、蒜末…各 1/2 小匙

作法

所有材料拌勻。

油淋雞的番茄醬

材料

醬油、醋、砂糖…各 1/2 大匙
蔥末…1 小匙
薑末、蒜末…各 1/2 大匙
番茄（切碎丁）…1 個

作法

所有材料拌勻，淋在炸好的油淋雞上即可。

炸雞翅

基本作法

材料（2 人份）

雞翅…8 隻
酒…2 大匙
鹽、胡椒粉…各少量
麵粉、炸油…各適量
〈混搭醬料〉

作法

①雞翅在肉和骨頭之間劃出切痕，撒上酒、鹽、胡椒粉醃，靜置 5 分鐘。

②在雞翅上薄薄抹一層麵粉，下油鍋炸到上色，趁熱淋上**〈混搭醬料〉**即可。

〈混搭醬料〉

基本的甜辣醬

材料

醬油、醋…各 2 大匙
蜂蜜…1 大匙
蒜粉、胡椒粉…各 1/2 小匙

作法

材料仔細拌勻，在基本作法②中，淋在雞翅上。

韓式甜辣醬

材料

砂糖…1/2 大匙
醬油…1 小匙
韓式辣醬…1.5 大匙
芝麻油…1 大匙

作法

混合好材料，直接送進微波爐 (500W) 加熱 50 秒，在基本作法②中，淋在雞翅上。

天婦羅

自製的天婦羅醬汁
搭配炸好的食材
口感與美味絕對更加分

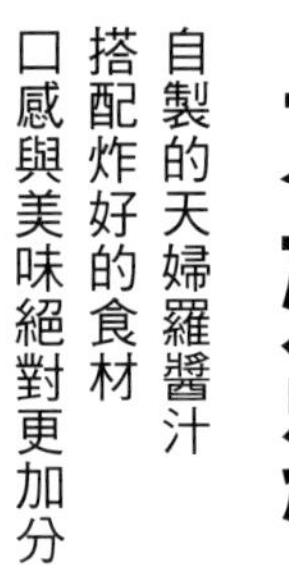

基本作法

材料（2 人份）
喜歡的蔬菜…適量
蛋…1 大匙
冷水…1/2 杯
麵粉…1/8 杯
炸油…適量

作法
①蔬菜洗淨後拭乾水分、撒上少許麵粉（分量外）。
②碗裡放蛋液、冷水攪拌均勻，加入麵粉，用長筷迅速攪拌。蔬菜沾上麵衣，放進 160℃的油鍋炸約 3～4 分鐘。

〈麵衣〉

薑味麵衣

材料
麵粉…1/2 杯
日本太白粉…1 大匙
醬油…1/2 大匙
薑泥…1 小匙
水…4～5 大匙
作法
材料拌勻後，當作麵衣使用。

咖哩風味麵衣

材料
麵粉、水…各 1/4 杯
日本太白粉…1/2 大匙
咖哩粉…1 小匙
作法
所有材料拌勻，當作麵衣使用。

天婦羅就是要用海鹽

礦物質比岩鹽豐富，圓潤的味道最適合當作的蘸鹽。若使用較細的顆粒鹽，味道會更溫潤。沖繩的雪鹽礦物質含量為世界第一（金氏世界紀錄認證），粉狀更適用於當作天婦羅的蘸鹽。

〈天婦羅醬汁〉〈蘸鹽〉

基本的天婦羅醬汁

適用於：魚貝類、蔬菜等
材料
高湯…3/5 杯
醬油…1 大匙
薄口醬油…2 小匙
味醂…1.5 大匙
作法
將味醂倒入鍋裡煮，待煮開後加入剩下的材料再稍微煮一下即可。

薑味醬汁

適用於：蔬菜等
材料
高湯…1/2 杯
味醂…2 大匙
醬油…2 大匙
薑汁…1 大匙
作法
高湯和調味料拌勻煮開，加入薑汁。

抹茶鹽

適用於：蔬菜等
材料
抹茶
鹽（抹茶和鹽的比例為 3：2）
作法
抹茶和鹽混合均勻即可。

咖哩鹽

適用於：魚貝類等
材料
咖哩粉
鹽（香料和鹽的比例為 3：2）
作法
咖哩粉和鹽混合均勻即可。

植物油

用於炒、炸、調等，在烹調上扮演著很重要的角色。和糖、蛋白質並列為三大熱量來源之一，也是其中最能有效攝取熱量的成分。塗抹在食材上有鎖住美味的效果，搭配平淡的食材則具有提昇美味的功效。

菜籽油

沙拉油的主要原料，清爽、沒有突出的味道。在加拿大經品種改良後，當作沙拉油使用。

紫蘇籽油

富含現代人容易缺乏的α亞麻酸，由紫蘇籽榨取精製的油品。用在調味、醬汁，不建議用在加熱上。

椰子油

從椰子果實提煉出的油，在東南亞普遍當作炒菜油或炸油使用。含有豐富的中鏈脂肪酸，對人體有益，近年來也以健康食品的姿態，受到重視。

葡萄籽油

從製作葡萄酒的過程中，不要的種籽榨取的油品。質感非常清爽，沒有突出的味道，適用於任何烹調方式。由於不易冒煙，所以也是炸油的優先選擇。

玉米油

具有獨特的香醇風味，也可用在醬汁和製作美乃滋。耐高溫，因此也適合當作炸油使用。此外，也是人造奶油的原料。

葵花油

由於沒有突出的味道，因此廣泛運用在醬汁、炒菜油、炸油等烹調上。含有豐富的亞油酸，降低血液中膽固醇的效果可期。

芝麻油

芝麻油依種類而有不同的味道和香味，廣泛地運用在中菜、韓式料理、和食等亞洲各國料理上。含有豐富的抗氧化成分，因此不易氧化也是特徵之一。含有豐富的亞油酸，可恢復身體組織的正常機能，也有可降低壞膽固醇的油酸等，保健效果可期。

白麻油

由生芝麻榨取的油，口感、香味濃郁，沒有突出的味道，可廣泛使用在和食、西餐、糕點製作上。

烘焙芝麻油

最普遍的芝麻油，獨特的香氣是特徵，除了炒油和炸油，也可以當作菜餚的提味直接使用。

黑麻油

由黑芝麻榨取的油品，具有黑芝麻獨特的味道。也可以直接淋在清淡菜餚上，享受其散發的芳香。

低溫壓榨油

烘焙好芝麻後用壓榨機慢慢地榨出來的成品，由於壓榨過程中摩擦熱很少，所以含有非常豐富的特有香氣，呈現透明度高的琥珀色油質。

炸豬排

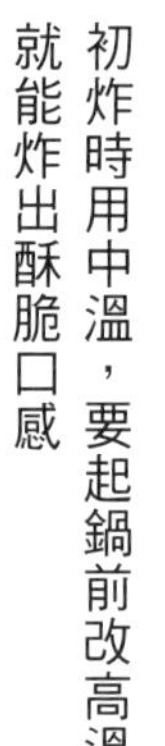
初炸時用中溫，要起鍋前改高溫
就能炸出酥脆口感

基本作法

材料（2 人份）
豬里脊肉（炸豬排用）…2 片
鹽、胡椒粉、炸油…各適量
麵粉、蛋液、麵包粉…各適量
〈淋醬〉

作法
①豬肉切斷筋的部分、輕輕拍打後整型，抹上鹽、胡椒粉。
②依麵粉、蛋液、麵包粉的順序沾上麵衣。
③放進加熱到 170℃的油鍋炸 5～6 分鐘。
④切成適口大小、擺盤，淋上**〈淋醬〉**。

八丁味噌

日本愛知縣的名產，不用米麴或麥麴，只用大豆製作成的味噌。給人比較鹹的印象，其實鹽分相對比較少，味道醇厚、香氣豐富是其特徵，稍微煮開更能突顯風味。和其他味噌調配也很搭，尤其是和西京味噌調製成的櫻花味噌，更廣泛地運用在各種菜餚上。

〈淋醬〉

柑橘醋醬油

材料
柚子或酸桔等柑橘類的榨汁…1/4 杯
味醂…1/4 杯
昆布…10 公分、醬油…5 大匙
薄口醬油…1.5 大匙

作法
將味醂倒入耐熱碗裡，送進微波爐 (500W) 加熱約 3 分鐘，冷卻。昆布迅速擦拭一下。醬油、薄口醬油和味醂混合，加入柑橘類的榨汁拌勻。將昆布放在柑橘醋裡，完成。淋在炸豬排上即可。

味噌豬排醬

材料
八丁味噌…6 大匙、砂糖…2 大匙
高湯…6 大匙、酒…2 大匙

作法
將材料放進小鍋裡，開小火拌煮到滾，淋在炸豬排上即可。

甜辣醬

材料
A [味醂…2.5 大匙、醬油…1.5 大匙]
玉米澱粉…1/2 大匙

作法
將 A 放進小鍋裡煮滾，用玉米澱粉增加稠度。淋在炸豬排上。

雞尾酒醬

材料
辣醬油…1 小匙
番茄糊…1.5 大匙
醬油…1/2 大匙、白酒…1 大匙

作法
所有材料拌勻，送進微波爐 (500W) 加熱約 1 分鐘。淋在炸豬排上。

薑味醬

材料
A [醬油、砂糖…各 1.5 大匙
酒…1/4 杯]
薑絲…適量

作法
A 拌均、煮滾，加入薑絲。淋在炸豬排上。

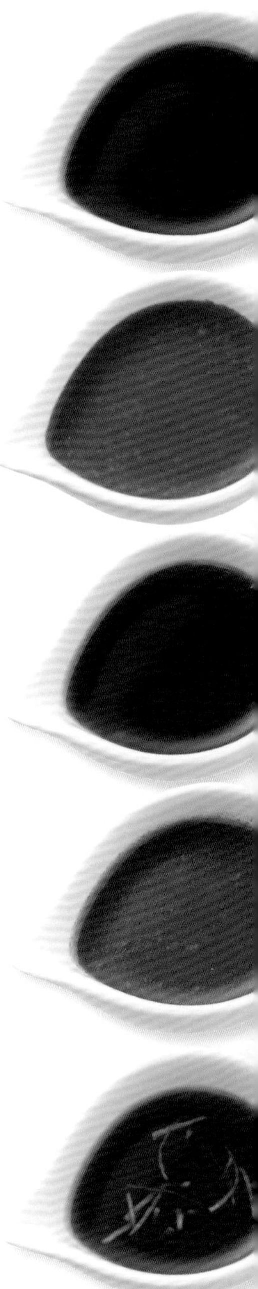

炸物的沾料

簡易醬料

適用於：可樂餅、炸肉餅等

材料
辣醬油、紅酒、番茄醬…各 2 大匙
作法
材料放進鍋裡攪拌均勻，迅速煮滾。

起司塔塔醬

適用於：西式油炸餅等

材料
全熟水煮蛋碎末…1 個
茅屋起司…50g、美乃滋…4 大匙
作法
所有材料快速拌勻。

卡士達醬

適用於：西式油炸餅等

材料
水…1/2 杯、檸檬汁…2 大匙
砂糖…3 大匙
卡士達粉…1/2 小匙、鹽…少量
作法
材料放進鍋裡攪拌均勻，迅速煮滾即可。

番茄醬

適用於：可樂餅、炸肉餅等

材料
水煮番茄 (罐裝)…1 罐 (400g)
洋蔥碎末…1/4 個
月桂葉… 1 小片、大蒜…1 瓣
橄欖油…2 大匙、鹽…1/2 小匙
胡椒粉…適量、砂糖…1/2 小匙
作法
把大蒜、月桂葉浸在橄欖油，聞到香料味道後加進洋蔥，用大火爆香，待所有材料炒軟後轉中火再炒，水煮番茄放進鍋裡，邊壓碎邊煮。加入鹽、胡椒粉、砂糖調味，挑出大蒜煮到湯汁收乾。

優格醬

適用於：可樂餅、炸肉餅等

材料
優格…4 大匙
酸奶油、番茄醬…各 1 大匙
辣醬油、鹽、胡椒粉…各少量
作法
把鹽、胡椒粉以外的材料放進耐熱容器裡，送進微波爐 (500W) 加熱約 1 分鐘，取出，用鹽、胡椒粉調味。

酸奶油醬

適用於：西式油炸餅等

材料
酸奶油…1/3 杯
洋蔥泥…1/2 大匙
細蔥（切末）…1 大匙
鹽、胡椒粉…各少量
作法
酸奶油置於室溫軟化，和其他材料充分拌勻。

中式醬料

適用於：西式油炸餅等

材料
蔥末…1/2 支
薑末、蒜末…各 1/2 瓣
砂糖…1.5 大匙
酒、醋、番茄醬…各 1 大匙
豆瓣醬、芝麻油…各 1/2 大匙
辣油…少量
作法
蔥、薑、大蒜和適量沙拉油 (分量外) 一起爆香，再和其他材料拌勻。

和風梅醬

適用於：西式油炸餅等

材料
梅干…大型 2 個
麵味露（2 倍濃縮）…3 大匙
醋、沙拉油…各 1 大匙
作法
所有材料拌勻即完成。

南蠻炸雞

基本作法

材料（2 人份）

雞腿肉…1 片
鹽、胡椒粉…各少量
麵粉…少量
蛋液…1 個
炸油…適量
〈酸甜醬〉
〈塔塔醬〉

作法

①一刀橫切剖開雞肉讓厚度減半，再切成適口大小。

②撒鹽、胡椒粉調味後，抹上麵粉、浸在蛋液裡。

③炸油加熱到 160℃，放入雞肉油炸 3～4 分鐘，起鍋瀝掉油分，浸在〈**酸甜醬**〉裡，裝盤後附上〈**塔塔醬**〉即可。

基本的酸甜醬

材料

醋、味醂…各 1.5 大匙
醬油…2.5 小匙
砂糖…1 大匙
番茄醬、辣醬油…各 1 小匙
檸檬汁、鹽、胡椒粉…各少量

作法

將材料放進鍋裡煮滾，沾裹炸好的肉。

基本的塔塔醬

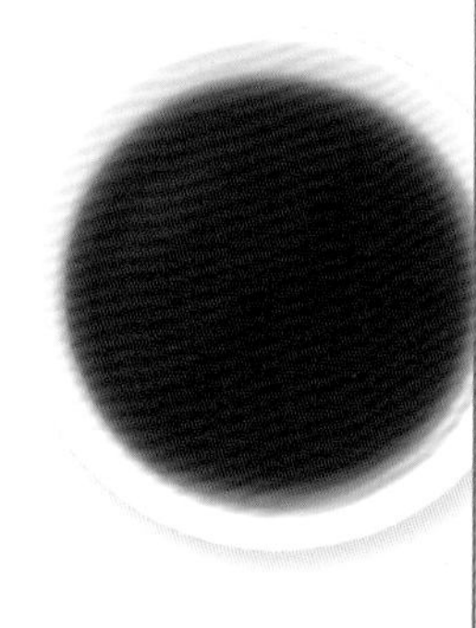

材料

全熟水煮蛋碎末…1/2 個
荷蘭芹碎末…少量
酸黃瓜碎末…2 條
洋蔥碎末…1 大匙
美乃滋…2 大匙
牛奶…1 大匙
顆粒芥末醬、白酒…各 1 小匙
鹽、胡椒粉…各少量

作法

所有材料拌勻，淋在南蠻炸雞上即完成。

油炸豆腐

基本作法

材料（2 人份）

嫩豆腐…1 塊
日本太白粉…1 大匙
麵粉…1 大匙
炸油…適量
蘿蔔泥…適量
薑泥…適量
細蔥（切末）…適量
〈油炸豆腐的芡汁〉

作法

①豆腐用廚房紙巾包覆，上面壓著一個盤子，靜置 20 分鐘瀝掉水分、切成 4 等分。

②在深盤裡混合日本太白粉、麵粉，放入豆腐整個沾滿。

③炸油加熱到 170℃，把豆腐放入油鍋炸到均勻上色。

④瀝掉油分盛盤，擺上蘿蔔泥、薑泥飾頂、撒適量蔥花，淋上〈**油炸豆腐的芡汁**〉。

〈芡汁〉

基本的油炸豆腐芡汁

材料

A［高湯…1 杯、味醂…1 小匙
醬油…2 小匙、鹽…少量］
太白粉水…適量

作法

把 A 放進小鍋裡快速煮滾，熄火加入太白粉水，再度加熱到湯汁變稠，淋在炸好的豆腐上。

梅醬芡汁

材料

A［水…1 杯、昆布茶…1/2 小匙、梅肉…1 個
味醂、醬油…各 1 小匙、鹽…少量］
太白粉水…適量

作法

把 A 所有的材料放進小鍋裡快速煮滾，熄火加入太白粉水，再度加熱到湯汁變稠，淋在炸好的豆腐上。

滑菇芡汁

材料

混搭調味料［高湯…3/4 杯、酒、味醂…各 1 大匙、醬油…2 小匙、鹽…少量］
滑菇…1/2 包、鴻喜菇…1 包
太白粉水…適量

作法

把〈**混搭調味料**〉放進鍋裡煮滾，加入切除根部、剝開、洗淨的鴻喜菇和清洗過的滑菇，淋上太白粉水勾芡，再淋在炸好的豆腐上即可。

美式炸雞

基本作法

材料（2 人份）

雞肉（喜好的部位）…250～300g

〈美式炸雞的醃料〉

蛋液…1/2 個

麵粉…1.5 大匙

〈美式炸雞的調味料〉

高筋麵粉、牛奶…各 1/4 杯

日本太白粉…各 1/2 大匙

鹽、胡椒粉…各 1/4 小匙

作法

①用叉子在雞肉上戳幾個孔，放進密封保鮮袋裡、加入**〈美式炸雞的醃料〉**，擠出袋內空氣後封緊袋口，整個抓揉後，放進冰箱冷藏 3 小時以上。

②蛋液和牛奶拌勻。

③混合麵粉、高筋麵粉、日本太白粉、鹽和胡椒粉。

④取出雞肉恢復室溫，依②、③順序裹上麵衣，拍掉多餘的粉料，放進加熱到 160℃的炸油（分量外），慢慢炸到中心部熟了，再轉到 190℃左右的高溫炸到呈淺棕色，撈出，瀝掉油分，整體撒上**〈美式炸雞的調味料〉**即完成。

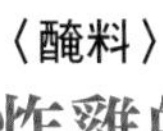

〈醃料〉

炸雞的醃料

材料

白酒…2 大匙、鹽、辣椒粉、蒜泥…各 1 小匙

胡椒粉…少量

薄口醬油…1/2 小匙、月桂葉（碎末）…1/2 片

作法

材料拌勻，在基本作法①中當作醃料醃肉。

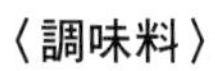

〈調味料〉

起司調味料

材料

起司粉…3 大匙、粗粒黑胡椒粉…1/2 小匙、鹽…少量

作法

材料拌勻，在基本作法④中撒在炸雞上。

香料調味料

材料

砂糖…1 大匙、咖哩粉…1 小匙、鹽…1/4 小匙

山椒粉、胡椒粉…各 1/2 小匙、荷蘭芹碎末…1 大匙

作法

材料拌勻，在基本作法④中撒在炸雞上。

和風調味料

材料

青海苔、白芝麻…各 1 大匙、鹽…1/4 小匙

作法

材料仔細拌勻，在基本作法④中撒在炸雞上。

磯邊炸

基本作法

材料與作法（2 人份）

4 根小竹輪捲薄薄裹上**〈磯邊炸麵衣〉**，用 170～180℃的炸油（適量）炸到上色即可。

〈麵衣〉

基本的磯邊炸麵衣

材料

冷水…2 大匙

天婦羅粉…2 大匙

青海苔…1/2 大匙

作法

材料拌勻後沾裹竹輪捲，下油鍋炸。

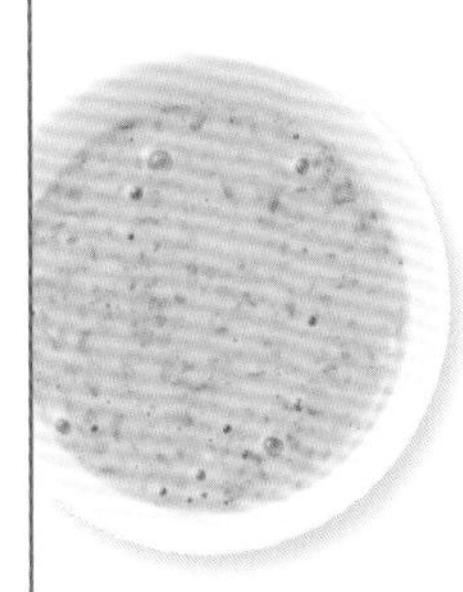

咖哩風味磯邊炸麵衣

材料

麵粉…3 大匙

泡打粉…1 小撮

青海苔…1/2 大匙

咖哩粉…1/2～1 小匙

冷水…2 大匙

作法

材料拌勻後沾裹竹輪捲，下油鍋炸至熟撈出。

乾燒蝦仁

基本作法

材料（2 人份）
蝦…150g
沙拉油、鹽、
胡椒粉…適量
〈**乾燒蝦仁的醬料**〉

作法
①蝦子去殼、去腸泥，抹鹽、胡椒粉調味，用沙拉油快速炒一下，起鍋。
②〈**乾燒蝦仁的醬料**〉用平底鍋煮滾，再放入蝦子煮至入味即可。

〈**醬料**〉

基本的乾燒蝦仁

材料
洋蔥末…1/2 個、蒜末…1 瓣
沙拉油…1 大匙、豆瓣醬…
1/2 大匙、砂糖…1/2 大匙
A [醬油…1 大匙
番茄醬…3 大匙]
B [雞高湯粉…1/2 小匙
水…1/2 杯、日本太白粉…1 小匙]
作法
①平底鍋用沙拉油熱鍋，放入大蒜和豆瓣醬用小火爆香。加入洋蔥轉中火炒，待熟透了加砂糖，轉大火拌炒一下。
②炒出光澤後，加入 A 拌炒到湯汁收乾，水分收乾到用鍋鏟攪拌時能清楚看到鍋底，熄火，加入拌勻的 B 即可。

道地乾燒蝦仁

材料
A [酒…1/2 大匙
醬油…1/2 大匙]
蔥末…5 公分
薑末…1 片、蒜末…1 瓣
B [酒…2 小匙、醬油…1 大匙
番茄醬…1 大匙
砂糖…1/2 大匙
蠔油…1/2 小匙
豆瓣醬…1/4 小匙]
作法
在基本作法①用 A 取代鹽和胡椒粉，沾裹蝦仁，靜置 10 ～ 15 分鐘。平底鍋加 1 大匙沙拉油（分量外）熱鍋，加入蔥、薑、蒜以小火爆香。待聞到香味後，加入混合均勻的 B 煮到稍微收乾水分，在基本作法②中加入即完成。

炸春捲

基本作法

材料（4 人份）
豬梅花肉片…200g
蛋白…少量
酒…2 大匙
醬油…1 小匙
紅蘿蔔…1 根
煮熟的竹筍…1 個
香菇…2 ～ 3 朵
青椒…2 個
沙拉油…1 大匙
春捲皮…16 張
〈**春捲的調味料**〉
太白粉水…適量

作法
①豬肉切細絲、放進碗裡，加蛋白、酒、醬油仔細揉入味。材料洗淨，去皮的紅蘿蔔、煮熟的竹筍、香菇與去蒂去籽的青椒切細絲。
②平底鍋加沙拉油熱鍋，依序放入豬肉、蔬菜炒到變軟，加〈**春捲的調味料**〉調味，淋上太白粉水勾芡，起鍋冷卻。
③把②分成 16 等分、包入春捲皮，包好後在皮的邊緣抹上少量沙拉油固定。
④炸油加熱到 170℃，一次放 4 條下油鍋炸到整體轉淺棕色，起鍋盛盤，附上〈**春捲醬料**〉。

〈**調味料**〉

基本的春捲

材料
酒…1 大匙、砂糖…1 小匙、水…1 杯
蠔油…2 小匙、雞高湯粉…1/2 小匙
胡椒粉…少量、醬油…1.5 大匙
作法
材料充分拌勻，在基本作法②中加入。

味噌風味春捲

材料
味噌…4 大匙、酒…2 大匙
砂糖…1 大匙、醬油…1 小匙
作法
材料充分拌勻，在基本作法②中加入。

〈**醬料**〉

辣醬

材料
A [雞湯…3/4 杯、番茄醬…4 大匙
酒…1.5 大匙、砂糖…1 大匙
豆瓣醬…1/2 大匙
鹽…1/4 小匙、胡椒粉…少量]
蔥末…1 大匙、蒜末、薑末…各 1 小匙
醋…少量、太白粉水…適量
作法
A 混合好備用。鍋子用 1 大匙沙拉油（分量外）熱鍋，加入蔥、蒜、薑爆香，加入 A 煮到滾，加醋和太白粉水勾芡，在基本作法④當春捲沾醬。

飯類

飯糰

紫蘇魩仔魚柚香胡椒粉

材料（2 人份）
醬油…1/2 小匙、魩仔魚…4 大匙
青紫蘇（切細絲）…4 片
柚香胡椒粉…少量
米飯…約 400g
作法
將材料和飯拌勻、捏成飯糰，柚香胡椒粉可視個人喜好增減。

酪梨鮭魚

材料（2 人份）
酪梨 (切成 1 公分丁狀)…1/4 個
鮭魚香鬆…80g、美乃滋…1 大匙
胡椒粉…少量、米飯…約 400g
作法
將材料和飯拌勻、捏成飯糰即完成。

梅肉柴魚

材料（2 人份）
梅干…中型 4 個、柴魚片…3g
醬油、雞粉…各少量
米飯…約 400g
作法
梅干去籽、用菜刀拍成泥狀，加入柴魚片、醬油、雞粉，再度拍打。放在飯的中央，捏成飯糰。

烤飯糰

美乃滋醬油

材料（2 人份）
醬油…2 小匙、美乃滋…2 大匙
作法
材料拌勻，抹在飯糰上，烘烤。

芝麻味噌

材料（2 人份）
淡色味噌、味醂、砂糖…各 1 大匙
白芝麻…2 小匙
作法
材料拌勻，抹在飯糰上，烘烤。

蔥花味噌

材料（2 人份）
麥味噌…1 大匙
味醂、砂糖…各 1 大匙
細蔥末…1 大匙
作法
細蔥泡水洗淨後瀝乾，材料拌勻，抹在飯糰上，烘烤即完成。

胡桃味噌

材料（2 人份）
淡色味噌…1 大匙、胡桃碎末…4 個
砂糖…1 大匙、味醂…1.5 大匙
作法
材料拌勻，抹在飯糰上，烘烤即完成。

中式味噌

材料（2 人份）
甜麵醬…1 大匙、豆瓣醬…1.5 小匙
砂糖…1 大匙、味醂…1 大匙
作法
材料拌勻，抹在飯糰上，烘烤即完成。

奶油醬油

材料（2 人份）
醬油…2 大匙、奶油…2 大匙
作法
材料拌勻，抹在飯糰上，烘烤即完成。

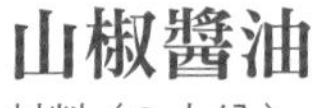

山椒醬油

材料（2 人份）
醬油…2 大匙、山椒粉…適量
作法
材料拌勻，抹在飯糰上，烘烤即完成。

梅肉醬油

材料（2 人份）
薄口醬油…1/2 小匙
梅干…1 個、味醂…1 小匙
細香蔥末…1/2 大匙
作法
梅干去籽後過篩，材料拌勻，抹在飯糰上，烘烤即完成。

醬油

說到代表日本的調味料，非醬油莫屬。美麗的色澤和濃郁的香氣，具備甘味、酸味、鹽味、苦味、美味等「五元味」，是極珍貴稀有的萬能調味料。為了突顯這種獨特的香氣和美味，訣竅在於調味的最後添加。

濃口醬油

即濃味醬油，以明亮的紅褐色和豐富的香氣為特徵，除了加熱烹調，也可以當沾醬、澆醬使用。

薄口（淡口）醬油

特徵是鹽分比濃口醬油高、色澤較淡，適用於用在凸顯食材原味、特色的湯品上。

溜醬油

特徵為具有黏稠、濃厚口感以及獨特香氣，加熱後會呈現漂亮的紅色，因此常用在照燒或烤仙貝。也很適用當生魚片沾醬。

再仕入醬油

採取二度釀造的製法，色澤、味道、香氣都很濃醇。當沾醬、調味用，也有「甘露醬油」的稱呼。

白醬油

鹽分和淡口醬油相同，顏色更淡薄。由於醱酵時間短，味道較清淡。具有特有的香氣，常用在湯品和茶碗蒸等菜餚。

魚醬

顧名思義，就是魚的醬油，即魚貝類醱酵後製成的液體調味料。日本自古就有製造魚醬的文化，但只有部分地區仍保留醬油的名稱。然而，在保留名稱的地區，到現代仍然是家鄉菜不可或缺的調味料。由於味道獨特，所以好惡分明，一經加熱就變得柔和且美味升級，是非常優秀的調味料。

鹹魚汁

也稱為魚醬汁，在用鹽醃製大鰭毛齒魚時，從滲出的汁液過濾出的產物，獨特的香氣和豐富的甘味是其特徵。秋田的家鄉菜「鹹魚汁鍋」很有名。

玉筋魚醬油

用產於瀨戶內海的玉筋魚製成，也是日本歷史最悠久的醬油。也可以用作豆腐和生魚片的沾醬。

いしり（能登的魚醬）

富山名產，用沙丁魚和花枝製成，用於炒蔬菜調味，肉類菜餚也很搭。

魚露

泰國最具代表性的調味料，獨特的香氣和濃厚的美味是特徵。

日式炊飯

只要全部放進飯鍋裡
真的超簡單！
當香味四溢時，引人垂涎

基本作法

材料（4 人份）
米…2 杯
〈混搭調味料〉
〈配菜〉

作法

① 2 杯米淘洗乾淨、加適量的水放進電鍋裡，浸泡 30 分鐘～ 1 小時左右。

②把**〈混搭調味料〉**加入①攪拌一下，上面鋪上**〈配菜〉**，蒸飯。蒸好後燜 7 ～ 8 分鐘，再用飯杓上下翻攪一下。

〈混搭調味料〉、〈配菜〉

基本的日式炊飯

材料
混搭調味料 [酒…1.5 大匙
醬油…1.5 小匙、鹽…少量]
配菜 [雞腿肉…1/2 片、油豆腐…1/2 片
舞菇…1/2 包、紅蘿蔔…1/3 條]
作法
雞肉切成 1 公分丁狀，油豆腐去油、切成 1 公分丁狀，舞菇切掉根部、切成適口長度，紅蘿蔔切成小丁，參照基本作法。

栗子飯

材料
混搭調味料 [酒…1 大匙
鹽…1/2 小匙、味醂…1.5 大匙]
配菜 [栗子…20 粒]
作法
栗子去膜備用，在基本作法②加入〈混搭調味料〉、〈配菜〉，蒸飯前全部拌勻。

豬五花肉和明太子的日式炊飯

材料
混搭調味料 [酒…1 大匙
雞高湯粉…1/2 小匙]
配菜 [辣味明太子…1/2 條
豬五花肉薄片…100g]
作法
豬肉切成 1 公分寬，參照基本作法。

豆飯

材料
混搭調味料 [鹽…1 小匙
酒…1 大匙、昆布 (5 公分平方)…1 片]
配菜 [青豆仁…150 ～ 200g
(實重約 75 ～ 100g)]
作法
青豆仁去豆莢，用水沖洗一下。參照基本作法，昆布拭去污垢放在米的上面，等飯蒸好後取出。

橄欖油風味秋刀魚日式炊飯

材料
混搭調味料 [鹽…1/2 小匙
酒…2 大匙
昆布 (5 平方公分)…2 片]
配菜 [秋刀魚…2 尾]
A [橄欖油…2 大匙
酸桔汁…2 ～ 3 個]
作法
秋刀魚去除頭、內臟，洗淨後拭去水分，放在烤架上兩面烤熟。參照基本作法，昆布拭去污垢放在米的上面，等飯蒸好後取出。煮好後，淋上 A 享用。

炒飯

想要炒出粒粒分明的炒飯
訣竅在於使用熱飯

基本作法

材料（2 人份）

火腿…4 片
沙拉油…1 大匙
蛋液…1 個
鹽…1/2 小匙
熱飯…400g
胡椒粉…少量
〈炒飯的調味〉
細蔥末…1/5 根
薑末…1/2 片

作法

①火腿切成 0.5 公分小方塊。
②平底鍋用沙拉油熱鍋，倒入蛋液、迅速攪拌到半熟狀態，加入熱飯翻炒一下，用橡皮刮刀一面讓蛋液沾上飯粒一面翻炒。等蛋炒熟後，再加入火腿、鹽、胡椒粉拌炒。
③等炒飯開始炒鬆後，整個鍋面均勻撒上**〈炒飯的調味〉**拌炒。
④撒細蔥末、薑末炒勻後即可盛盤。

〈調味〉

基本的炒飯

材料
炒飯的調味 [醬油…1 小匙]
作法
參照基本作法。

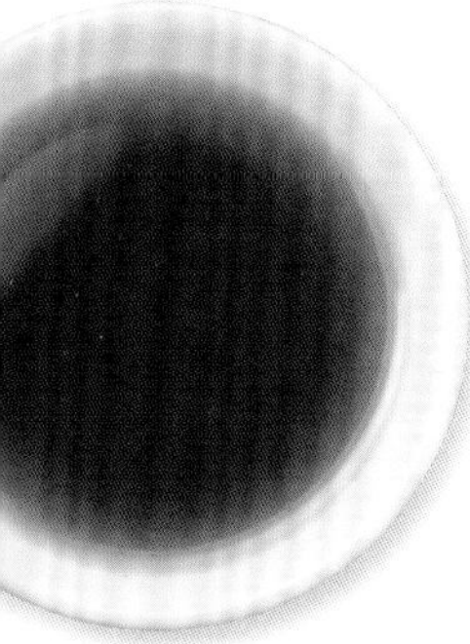

泰式炒飯

材料
炒飯的調味 [魚露…3/4 大匙
砂糖…1/4 小匙]
作法
參照基本作法，在基本作法③中加入魚露和砂糖，取代醬油。

XO 醬炒飯

材料
炒飯的調味 [XO 醬…1 大匙
醬油…1/2 大匙
雞湯…1.5 大匙
薑末…1/2 小匙
酒、芝麻油…各 1/2 大匙]
作法
所有材料拌勻，參照基本作法，在基本作法③中加入，取代醬油。

泡菜炒飯

材料
炒飯的調味 [白菜韓式泡菜…150g
醬油…1/4 大匙]
作法
參照基本作法，泡菜切碎，在基本作法④中加入。

烤肉醬炒飯

材料
炒飯的調味
[烤肉醬 (市售品)…2 大匙
白芝麻…1 大匙]
作法
參照基本作法，在基本作法③中加入烤肉醬和白芝麻，取代醬油。

燴飯

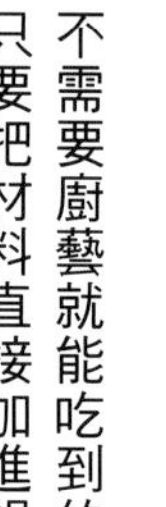

不需要廚藝就能吃到的美味
只要把材料直接加進鍋裡就OK

基本作法

材料（2人份）

米…1/2杯
〈炒油〉
〈香料蔬菜〉
〈酒〉
〈湯〉
喜好的配菜

作法

①平底鍋放**〈炒油〉**熱鍋後，加入**〈香料蔬菜〉**爆香。
②放進米拌炒，待米呈半透明狀時，注入**〈酒〉**、開大火炒到水分收乾。加入喜好的配菜拌炒。
③分2次、每次以1/3的量加入**〈湯〉**，一面大火拌炒、一面收乾水分。待加入最後的**〈湯〉**時，轉較弱的中火煮8～10分鐘，過程中偶爾攪拌一下，盛盤。

奶油燴飯

材料
炒油 [奶油…1/2 大匙]
香料蔬菜 [洋蔥末…1/8 個
　蒜末…1/2 瓣]
酒 [白酒…1/4 杯]
湯 [雞湯…2 杯
　鮮奶油…5 大匙]
作法
參照基本作法，最後依個人喜好撒上適量起司、胡椒粉（分量外）。

番茄燴飯

材料
炒油 [橄欖油…適量]
香料蔬菜 [大蒜…1/2 瓣
　洋蔥末…1/2 個]
酒 [白酒…2 大匙]
湯 [雞湯…2 杯
　塊狀水煮番茄 (罐裝)…100g]
作法
大蒜拍碎，參照基本作法。

和風櫻花蝦燴飯

材料
炒油 [沙拉油…2 小匙]
香料蔬菜 [蔥白末…1/4 根]
酒 [酒…3 大匙]
湯 [高湯…1.5 杯
　醬油…1.5 大匙
　櫻花蝦乾…4～5 大匙]
作法
參照基本作法，最後撒上適量的鹽，依個人喜好撒海苔碎片。

咖哩燴飯

材料
炒油 [奶油…1/2 大匙]
香料蔬菜 [洋蔥末…1/4 個]
酒 [白酒…2 大匙]
湯 [咖哩塊…15g、水…1.5 杯
　胡椒粉…少量]
作法
參照基本作法，放入即可。

焗烤

基本作法

材料（2人份）

菠菜…1/2把
洋蔥…1/2個
鴻喜菇…1/2包
雞腿肉…1/2片
白酒…1大匙
奶油…10g
麵粉…1小匙
沙拉油…適量
〈焗烤醬料〉
起司粉…適量
鹽、胡椒粉…各適量

作法

①菠菜稍微汆燙後，切3公分長，多撒些鹽、胡椒調味，鋪在用奶油抹勻的耐熱容器上。

②洋蔥切絲、鴻喜菇切除根部、剝成數朵。雞腿肉切成一口大小，抹上少量的鹽、胡椒粉、麵粉。

③平底鍋放沙拉油加熱，雞皮朝下煎兩面，等煎熟後加入洋蔥、鴻喜菇炒到變軟，撒上白酒、蓋上鍋蓋燜煮。

④把〈**焗烤醬料**〉加入③，拌勻後熄火。起鍋鋪在①上面，撒上起司粉，送進預熱到230℃的烤箱加熱10～15分鐘上色。

〈焗烤醬料〉

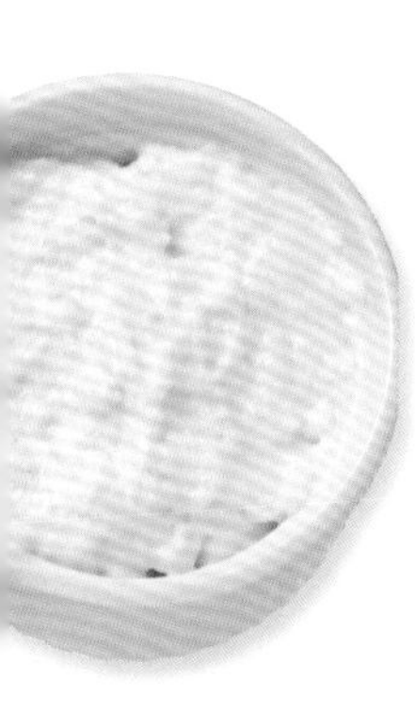

基本的醬料

材料

A［麵粉…2.5大匙
高湯粉…1/2大匙、鹽…1/2小匙］
牛奶…1.5杯
B［奶油…1.5大匙、胡椒粉…少量］

作法

把A放進鍋裡，用攪拌器拌勻。一邊加入牛奶、一邊攪拌均勻，再開中火加熱約2分鐘。加入B拌勻，途中避免起泡。換橡皮刮刀繼續拌煮，待呈現稠狀時熄火，蓋上鍋蓋冷卻。在基本作法④加入。

味噌美乃滋焗烤

材料

味噌、美乃滋…各2大匙
砂糖…1大匙

作法

材料拌勻，在基本作法④鋪在移到耐熱容器的材料上，撒上起司粉，送進烤箱加熱到上色。

烤飯

基本作法

材料（2人份）

熱飯…350g
奶油…1小匙
鹽、胡椒粉…各少量
〈烤飯醬料〉
披薩用起司…80g
荷蘭芹末…1小匙

作法

①把奶油、鹽、胡椒粉加入熱飯裡攪拌，讓奶油融化。

②在耐熱容器裡抹奶油（分量外），加入①的飯，鋪上〈**烤飯醬料**〉，上面撒上起司、荷蘭芹。

③送進烤箱加熱約10分鐘，若中途表面開始焦化，可在上面罩上鋁箔紙。

〈烤飯醬料〉

茄子肉醬烤飯

材料

茄子…3條
蒜末…1/2瓣
洋蔥末…1/4個
肉醬罐頭…1瓶
橄欖油…2大匙

作法

橄欖油加熱，茄子切成一口大小，將茄子、大蒜、洋蔥下鍋炒到茄子軟化，再加入肉醬煮。在基本作法②鋪在飯上面。

咖哩烤飯

材料

咖哩粉…1小匙
麵粉…1大匙
高湯塊…1/2個
熱開水…2/3杯
鮮奶油…1/2杯
奶油…1大匙
鹽、胡椒粉…各適量

作法

奶油放進平底鍋加熱融化，加入咖哩粉、麵粉攪拌後倒入湯汁（用熱開水溶解高湯塊後的湯汁）勻開。加入鮮奶油攪拌，撒鹽、胡椒粉調味。在基本作法②鋪在飯上面。

咖哩

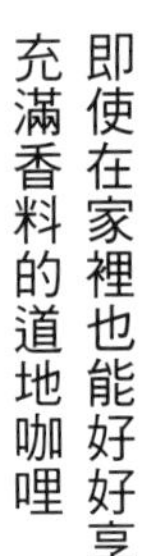
即使在家裡也能好好享用
充滿香料的道地咖哩

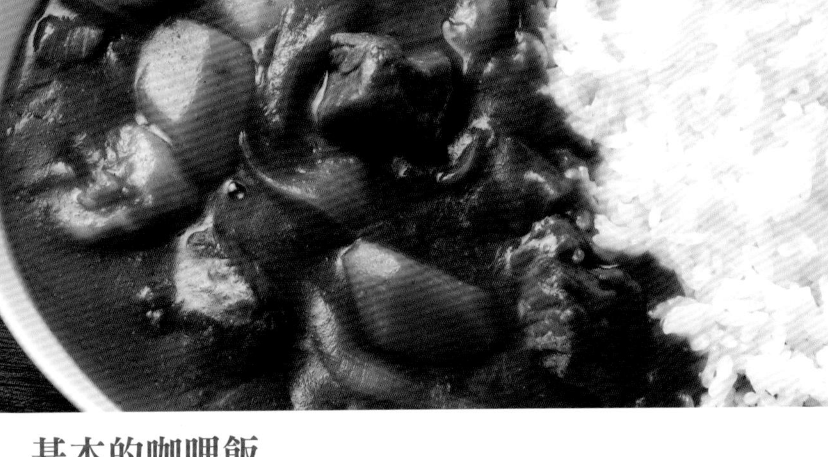

基本的咖哩飯

材料（4 人份）
豬肉塊…400g
洋蔥…1 個
紅蘿蔔…1 條
馬鈴薯…大型 2 個
蒜末…1 瓣
薑末…1/2 片
A [咖哩粉…1/2 小匙
鹽、胡椒粉…各少量]
咖哩塊…100g
月桂葉…2 片
鹽、胡椒粉…各適量
沙拉油…1 大匙
奶油…1 大匙
熱飯…適量

作法
①豬肉加 A 醃入味，洋蔥切梳型、大蒜切碎末，馬鈴薯切成一口大小、浸水後瀝乾。
②平底鍋放沙拉油加熱再放入奶油融化，放豬肉下鍋炒到表面上焦色。加入大蒜、薑炒香後，再加入蔬菜拌炒。
③加入 4 杯水煮滾後撈掉浮沫，加入月桂葉蓋上鍋蓋，轉小火煮 15 ～ 20 分鐘。
④熄火，加入咖哩塊溶解，再度開小火煮約 5 分鐘。撒上鹽、胡椒粉調味，和飯一起盛盤。

酒粕咖哩

材料（4 人份）
熱飯…適量
豬胛心肉…400g
洋蔥…2 個
酒粕…20g
咖哩塊…100g
沙拉油…1 大匙

作法
①豬肉切成一口大小，洋蔥切絲。
②鍋裡放沙拉油加熱，放入①轉中火拌炒，待肉的顏色變白後，加入 3 杯水和酒粕，煮滾後轉小火、蓋上鍋蓋，燜煮 40 分鐘。
③熄火，放入咖哩塊，再度開小火煮約 5 分鐘，和飯一起盛盤。

蔬菜湯咖哩

材料（4 人份）

帶骨雞腿肉…4 支 (約 600g)
大蒜…1 瓣
薑…1/2 片
洋蔥末…1/2 個
洋蔥…2 個
馬鈴薯…小型 4 個
紅蘿蔔…小型 2 條
南瓜…實重 200g

A [酒…3 大匙
鹽…2 大匙
月桂葉…1 片
乾紅辣椒…2 條
粗粒黑胡椒粉…1 小匙]

B [咖哩粉…1 ～ 2 大匙
辣椒粉…1 小匙
醬油…1/2 大匙]

作法

①雞肉煮 5 分鐘起鍋、瀝乾水分。大蒜、薑切薄片，和先前預煮過的雞肉、洋蔥末一起，加 8 杯水開大火煮滾，撈掉浮沫、加入A攪拌，蓋上鍋蓋燜煮 20 分鐘。

②洋蔥、馬鈴薯、紅蘿蔔、南瓜各切成適口大小。

③將②中南瓜以外的配菜加入鍋中煮約 20 分鐘，再加入南瓜煮 10 ～ 15 分鐘，加入B再煮一下。

雞肉優格咖哩

材料（4 人份）

帶骨雞腿肉…6 支 (約 900g)
A [洋蔥末…大的 2 個
蒜末…大的 1 瓣
薑泥…1 小匙]
番茄…2 個
原味優格…2 杯
沙拉油…4.5 大匙
B [鹽…1/2 小匙
咖哩粉…1/2 大匙
檸檬汁…1 大匙]

C [乾紅辣椒…2 條
月桂葉…1 片
荳蔻 (整粒)…4 ～ 5 粒
肉桂條…1/2 根
小茴香籽…1/2 小匙
辣椒粉…1/2 小匙
咖哩…2 ～ 3 大匙]
鹽…1 小匙

作法

①鍋子放 4 大匙沙拉油開小火加熱，放入A拌炒。待洋蔥變軟後蓋上鍋蓋，偶爾開蓋攪拌一下，以極弱的小火煮約 40 ～ 50 分鐘左右。

②每一支雞肉切成 3 ～ 4 等分，均勻抹上B再靜置 10 ～ 20 分鐘。番茄汆燙去皮、去籽，切成 1 公分丁狀。

③平底鍋中放 1/2 大匙沙拉油，開中火加熱，放入雞肉煎到兩面上焦色。

④在①的香料蔬菜鍋中加入C炒一下，加入 4 杯水轉中火，放入雞肉、番茄、優格、鹽攪拌。待煮滾後轉小火，偶爾攪拌一下，煮約 30 分鐘。

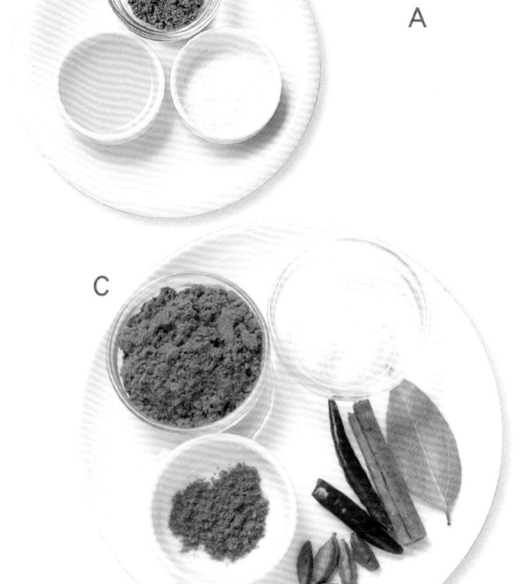

鮮蝦綠咖哩

材料（4 人份）
小蝦…300g
洋蔥…1 個
青椒…3 個
煮熟的竹筍…2 支 (160g)
蒜末…1 瓣
薑泥…1 小匙
A [綠咖哩糊…40g
乾紅辣椒…2 條
檸檬草莖…1 支]
椰奶…2 杯
B [羅勒葉 (切粗末)…6 片
魚露…1 大匙
鹽…1/2 ～ 1 小匙
沙拉油…3 大匙]

作法
①小蝦剝殼、去腸泥，洋蔥、青椒切成適口大小，竹筍切 4 公分長細絲，檸檬草莖斜切 1 公分長。
②在深鍋裡放沙拉油，開小火加熱，放入洋蔥、大蒜、薑拌炒。待洋蔥變軟後，再加入蝦、竹筍拌炒，加入 A、青椒，迅速拌一下。
③所有食材過油後轉中火，加 1 杯水、椰奶攪拌，待煮滾後加入 B、鹽，再煮一下。

印度肉醬咖哩

材料（4 人份）
豬絞肉…250g
洋蔥末…大的 2 個
蒜末…1 瓣
薑泥…1 小匙
番茄…2 個
鹽…少量
青豆仁 (冷凍)…200g
沙拉油…2 大匙
A [乾紅辣椒…2 條
月桂葉…1 片
咖哩粉…2 大匙
芫荽…1 小匙
印度什香粉…1 小匙
小茴香籽…1/2 小匙]

作法
①深鍋放沙拉油開小火加熱，放入洋蔥、大蒜、薑泥拌炒，待洋蔥變軟後蓋上鍋蓋，以極弱的小火燜煮 40 ～ 50 分鐘，並不時開蓋攪拌一下，以免燒焦。
②番茄汆燙後去皮、去籽，切成 1 公分丁狀。
③待香料蔬菜轉成棕色後，加入 A 炒一下，再加入豬絞肉炒到肉變色，加 3 杯水、番茄、鹽攪拌。待煮滾後蓋上鍋蓋轉中火煮 10 ～ 15 分鐘，加入冷凍青豆仁，再煮約 10 分鐘。

咖哩炒飯

材料（4 人份）
豬牛混合絞肉…200g
紅蘿蔔…1/2 條
青椒…2 個
洋蔥…1 個
A [高湯塊…1/2 個
番茄醬…2 大匙
咖哩粉…2 大匙
鹽…1/2 小匙
辣醬油…1 大匙]
沙拉油…2 小匙

作法
①紅蘿蔔、洋蔥、去蒂的青椒切粗末。
②平底鍋加沙拉油加熱，放入①的蔬菜炒到變軟。
③加入絞肉炒到顆粒分明、稍微上焦色。
④加入 A 和 1 杯水，轉較弱的中火煮 10 分鐘，途中偶爾攪拌一下，煮到水分收乾到稍微黏稠。

南國風豬肉咖哩

基本作法

材料（4 人份）
豬肉切塊…350g
鹽、胡椒粉…各少量
肉荳蔻…少量
鳳梨 (生)…300g
洋蔥…2 個
香蕉（切碎丁）…1 條
西式高湯…5 杯
白酒…1/2 杯
麵粉…40g
咖哩粉…4 大匙
薑末…15g
黑糖…1 大匙
奶油…1 大匙
鹽…1.5 小匙
胡椒粉…少量
沙拉油…適量

作法

①豬肉抹上適量的鹽、胡椒粉、肉荳蔻，靜置 10 分鐘之後，1/4 的鳳梨做成泥狀加入混合，放進冰箱冷藏 1 小時以上。

②剩下的鳳梨和洋蔥、香蕉各切成泥狀。

③平底鍋放沙拉油加熱，放入①中瀝乾水分的豬肉煎到表面上焦色，移到較深的鍋子裡。

④在同一個平底鍋裡加入洋蔥，炒到全部都有吃到油的程度，再倒入放著豬肉的鍋子裡。在放著配菜的鍋子裡加白酒，開大火煮到滾後加高湯，再煮一下。

⑤平底鍋加薑轉小火炒到聞到香味後，加入麵粉攪拌以避免燒焦，炒到沒有麵粉的味道，再加入咖哩粉拌炒，取 1 杯④的湯慢慢加入勻開。再把煮好的咖哩醬倒入④的鍋裡攪拌，加入香蕉、黑糖慢煮 20 分鐘，最後再加入鳳梨、奶油、鹽、胡椒粉調味。

西式牛肉飯

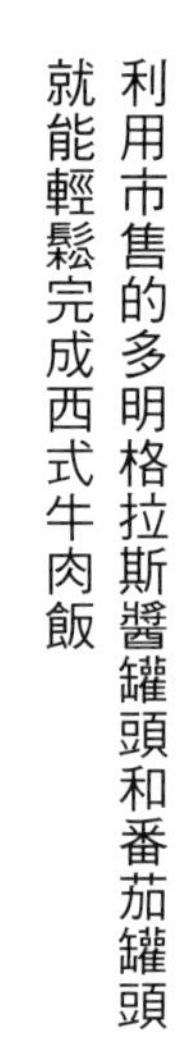

利用市售的多明格拉斯醬罐頭和番茄罐頭
就能輕鬆完成西式牛肉飯

基本作法

材料（4 人份）
切碎的牛肉…150g
洋蔥…1 個
沙拉油、麵粉…各適量
鹽、胡椒粉…各少量
〈西式牛肉飯醬汁〉

作法
①牛肉抹麵粉，洋蔥切薄片。
②平底鍋放沙拉油加熱，牛肉下鍋炒到顏色變淡，加入洋蔥炒一下，加入**〈西式牛肉飯醬汁〉**，轉小火煮約 3 分鐘，再加鹽、胡椒粉調味。

多明格拉斯醬罐頭

用牛骨和蔬菜長時間燉煮成的多明格拉斯醬，若使用市售的罐頭，即使在家裡也能輕鬆享受西餐廳的美味。若再添加奶油、紅酒、香料，則更能享受道地美味。如果一罐一次用不完，請放在密閉容器裡，放冰箱冷凍保存。

〈西式牛肉飯醬汁〉

用多明格拉斯醬罐頭做的傳統醬汁

材料
多明格拉斯醬罐頭…1 瓶
番茄醬…1/2 杯
紅酒…1/4 杯
水…1/2 杯
奶油…1.5 大匙
作法
將材料放進鍋裡充分攪拌後煮到滾，使用方法請參照基本作法。

用整瓶番茄罐頭做的醬汁

材料
水煮番茄（罐裝）…1 瓶 (400g)
紅酒…5 大匙
高湯塊…2 個
番茄醬…3 大匙
辣醬油…4 大匙
作法
將材料放進鍋裡充分攪拌後煮到滾，使用方法請參照基本作法。

用多明格拉斯醬罐頭做的和風醬汁

材料
多明格拉斯醬罐頭…1 瓶
水…2.5 杯
番茄醬…1/2 杯
酒、醬油、辣醬油…各 3 大匙
作法
將材料放進鍋裡充分攪拌後煮到滾，使用方法請參照基本作法。

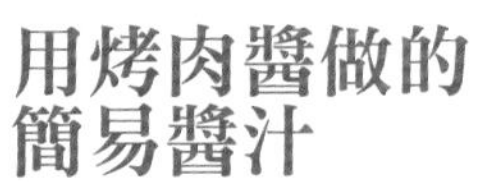

材料
烤肉醬…5 大匙
水煮番茄 (罐裝)…1 瓶 (400g)
作法
將材料放進鍋裡充分攪拌後煮到滾，使用方法請參照基本作法。

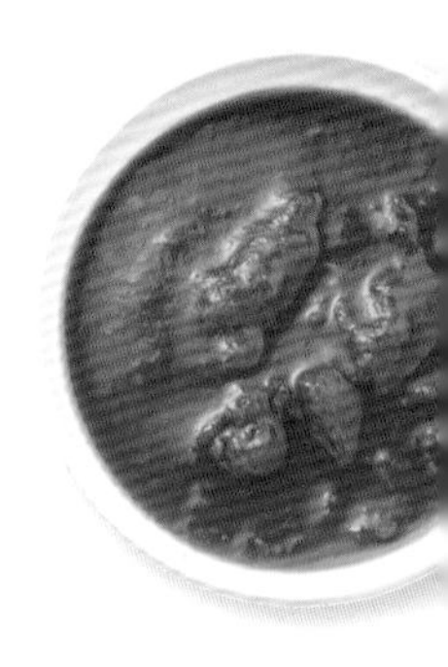

蛋包飯

花一點心思在醬汁上
即使是家常菜也能美味升級

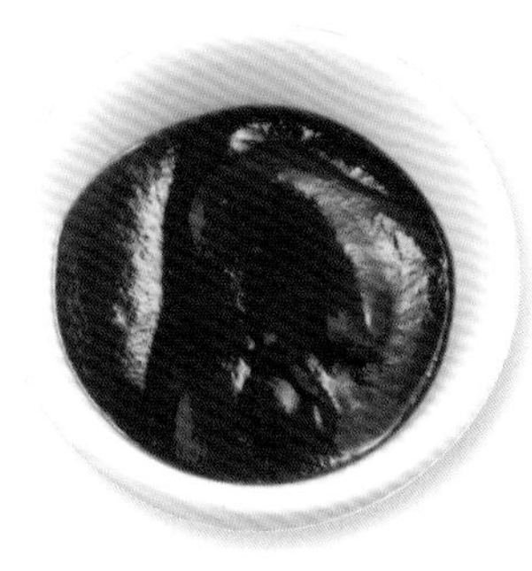

〈蛋包飯醬汁〉

山葵醬

材料
番茄醬…2 大匙
辣醬油…1/2 大匙
山葵醬…1/2 小匙
作法
所有材料拌勻。

雙份番茄醬

材料
番茄…1 個
A [番茄醬…2 大匙
中濃醬…1 小匙]
作法
番茄去蒂、切成 1 公分的丁狀，加入A拌勻。

牛肉醬

材料
紅酒…1/2 杯
A [高湯塊…1/4 個
水…1/2 杯]
多明格拉斯醬罐頭…3 大匙
鹽、胡椒粉…各少量
作法
切成一口大小的牛肉薄片 100g 和洋蔥末 100g，用 1 大匙沙拉油拌炒，加入紅酒煮到滾，再加入A、多明格拉斯醬罐頭煮 5 ～ 6 分鐘，最後撒鹽、胡椒粉調味。

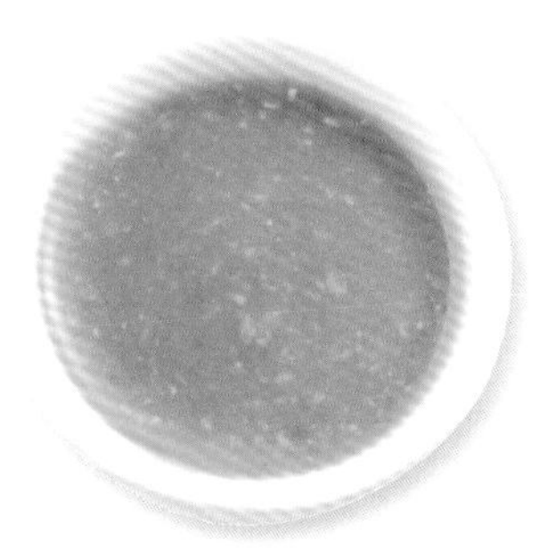

梅肉味噌醬

材料
梅肉…1 個、醋…4 小匙
味噌…2 小匙、砂糖…2 小匙
作法
所有材料拌勻。

明太子奶油醬

材料
明太子…1/2 條
牛奶、美乃滋…各 1 大匙
砂糖…1/2 小匙
作法
明太子去膜，將所有材料拌勻。

基本作法

材料（2 人份）
雞胸肉…小的 1/2 片
洋蔥…1/4 個
青椒…1 個
奶油…1 大匙
熱飯…360g
鹽、胡椒粉…各適量
番茄醬…3 大匙
蛋…3 個
鹽…少量
〈蛋包飯醬汁〉
沙拉油…適量

作法
①雞肉切成 1 公分丁狀，洋蔥切成 0.7 ～ 0.8 公分丁狀，青椒去蒂、去籽後，切成 0.5 公分丁狀。
②平底鍋放奶油加熱融化，放雞肉拌炒，待顏色變淡後加入洋蔥、青椒拌炒。加入熱飯一面拌開一面炒，撒鹽、胡椒粉，輕輕拌一下。加入番茄醬，整個拌勻後起鍋。蛋去殼、加少量鹽打散。
③平底鍋加沙拉油加熱，放入一半的蛋液煎到半熟狀態熄火，放入一半的雞肉炒飯、整型、盛盤，淋上**〈蛋包飯醬汁〉**。剩下材料也用相同的方式完成。

丼飯

只要極簡單的一道就能得到滿足
滲入飯裡的醬汁也超好吃

親子丼的作法

材料（2 人份）
雞腿肉…1 片
洋蔥…1/2 個
蛋…3 個
〈煮汁〉
米飯…蓋飯碗 2 碗

作法

①雞肉切成一口大小，洋蔥切成梳形，蛋打散。

②平底鍋加入〈煮汁〉、配菜，開火加熱。待沸騰後一面攪拌雞肉一面煮，使完全入味。

③轉中火均勻淋上蛋液，一面搖晃平底鍋一面加熱，煮到表面呈半熟狀態時熄火，蓋上鍋蓋 10～20 秒。起鍋，蓋在飯上面。

〈煮汁〉

親子丼

材料
煮汁 [酒、砂糖…各 1 大匙
味醂…2 大匙、醬油…3 大匙
高湯…1/2 杯]

作法
材料拌勻，在基本作法②加入。

牛丼的作法

材料（2 人份）
米飯…蓋飯碗 2 碗
牛碎肉…100g
洋蔥…1/4 個
〈煮汁〉

作法

①牛肉切成一口大小，洋蔥切成薄片。

②鍋子裡放〈煮汁〉煮到滾，加入洋蔥轉中火煮，待稍微變軟後加入牛肉拌一下，把牛肉煮熟。最後轉大火煮一下使其入味。連湯汁淋在飯上，依個人喜好在上面放一顆生蛋黃。

〈煮汁〉

牛丼

材料
煮汁 [酒…1 大匙
砂糖、醬油…各 3 大匙
高湯…1 杯]

作法
在基本作法②中，將材料加入鍋裡煮滾。

韓式牛丼

材料
酒…1.5 小匙
砂糖、醬油…各 1 大匙
中式高湯粉…1/2 小匙
熱開水…3/5 杯
芝麻油…2 小匙

作法
用斜切的蔥段取代洋蔥，拌勻〈煮汁〉，參照基本作法。

〈醃醬〉

鮪魚丼

材料
酒…1.5 大匙
味醂…2 小匙
醬油…1 大匙
作法
所有材料拌勻，醃漬鮪魚。

西式鮪魚丼

材料
砂糖…1/2 大匙
醬油…1/2 大匙
鹽…1/2 小匙
沙拉油…1/2 杯
醋…1/2 大匙
薑泥…1/2 小匙
洋蔥泥…1 大匙
作法
所有材料拌勻，醃漬鮪魚。

醃漬丼的作法

材料（2 人份）
生魚片用鮪魚…150g
〈醃醬〉
米飯…蓋飯碗 2 碗
青紫蘇…6 片
細蔥末…適量

作法
①鮪魚切薄片，浸在〈**醃醬**〉裡 1 小時以上。
②蓋飯碗盛飯，依序擺上青紫蘇、鮪魚、細蔥。

〈炸豬排丼的醬汁〉

炸豬排丼

材料
豬排醬、辣醬油…各 2 大匙
作法
材料放進鍋裡煮到滾，在基本作法④淋在炸豬排上。

炸豬排丼的作法

材料（2 人份）
豬里脊肉…2 片
鹽、胡椒粉…各少量
高麗菜…3 片
麵粉、蛋液、麵包粉…各適量
炸油…適量
米飯…2 碗
黃芥末醬…適量
〈炸豬排丼的醬汁〉

作法
①豬里脊肉切開筋膜，用鹽、胡椒粉醃漬，高麗菜切細絲。
②豬肉依序沾裹麵粉、蛋液、麵包粉，靜置約 5 分鐘，讓麵衣固定。
③炸油加熱到 170℃，放入②的肉炸到色澤均勻，起鍋後趁熱切成適口大小。
④蓋飯碗盛飯，上面鋪滿高麗菜、擺上炸豬排，淋上〈**炸豬排丼的醬汁**〉，附上黃芥末醬。

〈混搭調味料〉

深川丼

材料
酒…2 大匙
醬油…1.5 大匙
砂糖…1 大匙
作法
在基本作法②放入鍋裡煮滾。

深川丼的作法

材料（2 人份）
米飯…2 碗
蛤仔…150g
鹽…少量
薑（切薄片）…1 瓣
〈混搭調味料〉

作法
①蛤仔撒鹽、放在篩子裡快速沖洗乾淨。
②鍋子放〈**混搭調味料**〉煮到滾，放入蛤仔、薑，一面用筷子攪拌一面煮。
③蛤仔開口、身體膨脹時，馬上熄火。
④蓋飯碗盛飯，將③連湯汁淋在上面。

生雞蛋飯

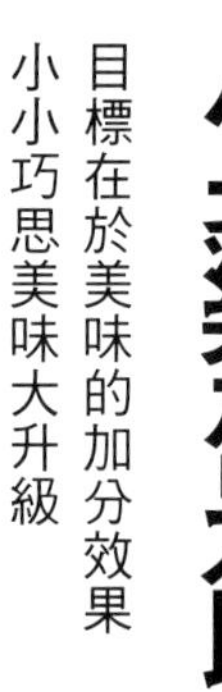

目標在於美味的加分效果
小小巧思美味大升級

基本的作法

材料與作法（1 人份）

將剛起鍋的米飯盛在飯碗裡，放一個生蛋、淋上**〈醬汁〉**，然後整個攪拌均勻。

善用美味調味料

如果有新鮮又優質的蛋，和剛煮好、晶瑩剔透的米飯，只需要少許的醬油調味，就是非常美味的生雞蛋飯。即使不是特別的蛋，只要撒一點美味調味料，就能吃出濃濃的美味。美味調味料的主要成分穀胺酸鈉，和蛋、肉、魚裡含有的肌苷酸搭配，有很棒的加分效果，吃起來更加美味。主要由蔗糖、玉米以及米等醱酵製成。

蠔油醬汁

材料

蛋…1 個、蠔油、醬油…適量

作法

材料混合均勻。

〈醬汁〉

砂糖醬油

材料

砂糖…適量、醬油…適量

作法

材料混合均勻。

昆布醬油

材料

味醂…3 大匙

醬油…1 杯

昆布…10 平方公分 1 片

作法

味醂倒入耐熱容器裡，直接送進微波爐 (500W) 加熱約 2 分鐘。趁熱加入醬油和昆布浸泡 2～3 小時，取出昆布。

柴魚醬油芝麻油

材料

醬油…適量、柴魚片…1 小袋

細蔥末…適量、芝麻油…少量

作法

材料混合均勻。

蔥花味噌七味

材料

醬油…適量、味噌…適量

七味唐辛子…適量、細蔥末…適量

作法

材料混合均勻。

薑汁紫蘇醬油

材料

醬油…適量、薑泥…適量

薑絲…1 片

蘘荷（切細絲）…2 個

青紫蘇（切細絲）…5 片

作法

材料混合均勻。

雜燴飯

基本作法

材料（2 人份）

米…1 杯
蝦…6 尾
洋蔥…1/4 個
鴻喜菇…1/2 包
青椒…1/2 個
奶油…1 大匙
〈混搭調味料〉
鹽、胡椒粉…各適量

作法

①米淘洗乾淨、瀝乾水分，放進電鍋內鍋，加入適量的水，按一般的程序煮飯。

②蝦子去腸泥、剝殼，用鹽、胡椒粉醃漬。洋蔥、青椒去蒂去籽，切成 1 公分丁狀，鴻喜菇切掉根部、剝開。

③平底鍋加熱融化奶油，放入洋蔥炒到變軟，加入剩下的材料拌炒一下。加入炊煮好的米飯、〈混搭調味料〉拌炒，待全部拌勻後起鍋盛盤。

〈混搭調味料〉

咖哩雜燴飯

材料

咖哩粉、酒…各 1/2 大匙
鹽…1 小匙
沙拉油…適量

作法

所有材料拌勻，在基本作法③加入拌炒。

墨西哥雜燴飯

材料

鹽…1/2 小匙
辣椒粉…1/2 小匙
辣醬油…1 大匙
粗粒黑胡椒粉…適量

作法

所有材料拌勻，在基本作法③加入拌炒。

西班牙燉飯

基本作法

材料（4 人份）

蛤仔…200g
蝦…8 尾
洋蔥…1/2 個
彩椒…1 個
番茄…1 個
大蒜…1 瓣
〈混搭調味料〉
橄欖油…2 大匙
米…2 杯

作法

①蛤仔吐沙、在水中搓洗殼，蝦挑掉腸泥，洋蔥、大蒜切碎末，彩椒去蒂去籽、切成 1 公分丁狀，番茄切塊狀。

②平底鍋放 1 大匙橄欖油加熱，蛤仔蒸到開口後起鍋放進濾篩，分開蛤仔和煮汁。煮汁加熱開水到 3 杯，加入〈混搭調味料〉攪拌。

③擦拭平底鍋，倒入剩下的橄欖油加熱，放入洋蔥、大蒜拌炒，待洋蔥變軟後，加入彩椒拌炒。加米一起炒，炒到米呈透明狀時，加入番茄、②的煮汁，轉大火煮。待煮滾後，轉較弱的中火煮約 15 分鐘。

④加入蛤仔、蝦子，再度加蓋轉小火煮 5 ～ 6 分鐘，掀鍋蓋轉大火煮 1 ～ 2 分鐘，把湯汁收乾。

〈混搭調味料〉

基本的西班牙燉飯

材料

白酒…1/3 杯、月桂葉…1/2 片
番紅花…1/4 小匙、水…1.5 杯
鹽…1/2 小匙

作法

用白酒、月桂葉蒸蛤仔，然後在基本作法②加入剩下的材料。

蒜味西班牙燉飯

材料

大蒜…2 瓣、橄欖油…1/2 大匙
鹽…1 小匙、醬油…1 小匙
水…1 又 4/5 杯、粗粒黑胡椒粉…少量

作法

大蒜炒到上焦色，加入其他的配菜，在基本作法③加入剩下的材料。

和風西班牙燉飯

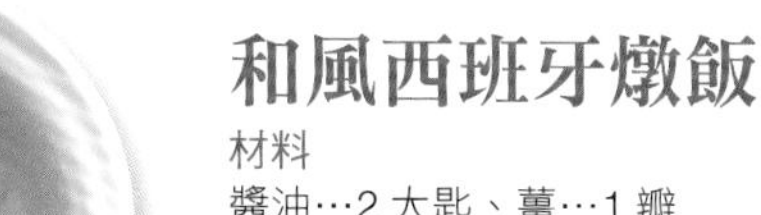

材料

醬油…2 大匙、薑…1 瓣
芝麻油…1 大匙、鹽…1 小匙
水…1 又 4/5 杯

作法

材料混合均勻，在基本作法②加入平底鍋拌炒。

韓式拌飯

基本作法

材料（2 人份）

菠菜…1/2 把
紅蘿蔔…40g
豆芽菜…1/2 包
牛絞肉…100g
〈醃料〉
〈調味醬〉
米飯…蓋飯碗 2 碗

作法

①菠菜根部切十字、紅蘿蔔切成 3 公分長細絲、豆芽菜去除鬚根。
②牛肉與〈**醃料**〉充分混合，用平底鍋（無油）炒熟。
③紅蘿蔔、豆芽菜、菠菜分別汆燙、瀝乾水分，菠菜切成 3 公分長，蔬菜以〈**調味醬**〉調味。
④在容器裡盛飯，在飯上面疊上②、③。

〈醃料〉

基本的牛肉醃料

材料
酒…2 大匙、味醂…2 大匙
醬油…2 大匙
作法
材料混合均勻，於基本作法②拌入牛肉充分混合。

牛肉的芝麻風味醃料

材料
醬油…2 大匙、糖和芝麻油…各 1.5 大匙、蒜末和辣椒粉…各 1 大匙、蔥末和白芝麻…各 1 大匙
作法
材料混合均勻，於基本作法②拌入牛肉充分混合。

〈調味醬〉

韓式拌菜調味醬

材料
芝麻油…1 小匙、蔥末…1 大匙
蒜末…少量、醬油…1 小匙
鹽…1.5 小匙、白芝麻…1 大匙
作法
材料混合均勻，於基本作法③拌入配菜充分混合。

墨西哥飯

基本作法

材料（4 人份）

洋蔥末…1/2 個
大蒜…2 瓣
牛絞肉…300g
A[西式高湯…1/3 杯
鹽、胡椒粉…各少量]
洋蔥薄片…1/8 個
番茄…2 個
生菜…1/2 個
起司…適量
飯…蓋飯碗 2 碗
〈**墨西哥飯淋醬**〉

作法

①炒鍋放油爆香蒜頭、拌入洋蔥末拌炒，加入牛絞肉炒到牛肉呈粒狀。加入 A 炒到湯汁收乾，加入五香辣椒粉快速拌勻。
②洋蔥薄片浸水後瀝乾、番茄汆燙去皮後切成 1 公分丁狀，與洋蔥拌勻。
③在容器裡盛飯，加入①、②、生菜、起司，淋上〈**墨西哥飯淋醬**〉。

〈墨西哥拌飯淋醬〉

莎莎醬

材料
小番茄（切成 4 等分）…8 個
香菜（切大段）…1 棵
番茄醬、檸檬汁…1 大匙
作法
充分混合材料。

墨西哥玉米捲醬

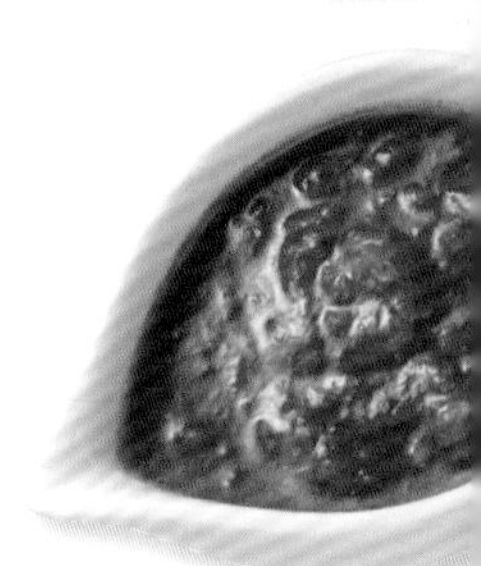

材料
橄欖油…2 小匙、番茄泥…1 杯
白酒…2 大匙、鹽…1 小匙
辣椒粉…1 大匙
洋蔥末…4 大匙
蒜末…2 小匙
作法
將洋蔥、大蒜放進耐熱碗裡，均勻淋上橄欖油，放進微波爐（500W）加熱 1 分鐘。加入剩下的材料拌勻，再放進微波爐加熱 2 分鐘。

和風莎莎醬

材料
洋蔥末…1 個
番茄…4 個、番茄醬…4 大匙
麵味露…2 大匙、橄欖油…2 大匙
作法
將洋蔥放進耐熱碗裡，放進微波爐（500W）加熱 2 分鐘。番茄切成 1 公分丁狀，加入所有的材料拌勻。

麵包

三明治

手工醬汁搭配香味奶油
享受更高級的味蕾感動

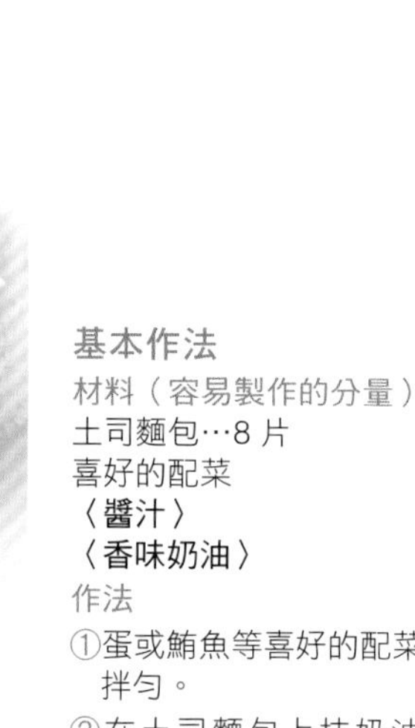

基本作法

材料（容易製作的分量）
土司麵包…8 片
喜好的配菜
〈醬汁〉
〈香味奶油〉
作法
①蛋或鮪魚等喜好的配菜，和〈醬汁〉拌勻。
②在土司麵包上抹奶油或〈香味奶油〉，把①夾進麵包裡。

萬能的美味調味料「鯷魚」

用鹽漬鯷魚，經過幾個月的熟成酸酵，再用橄欖油浸漬而成的調味料。一般為整條的片狀，也有製成方便使用的糊狀、中間夾著酸豆的條狀。可同時加入鹹味和濃郁的美味，因此廣泛用於義式料理。

〈醬汁〉

美乃滋醬

適用於：炸三明治等

材料
顆粒芥末醬、美乃滋…各適量
洋蔥末…1 大匙
酸豆末…1/2 大匙
荷蘭芹末…1 大匙
作法
所有材料拌勻。

起司醬

適用於：肉類和魚類的三明治等

材料
茅屋起司…1/2 杯
醋…1 大匙
美乃滋…2 大匙
鹽、胡椒粉…各少量
作法
所有材料拌勻。

芥末奶油醬

適用於：肉類三明治等

材料
奶油…4 大匙
法式芥末醬…1/2 小匙
作法
材料混合，攪拌到呈乳霜狀。

鮮奶油檸檬醬

適用於：肉類三明治等

材料
美乃滋…約 1/2 杯
檸檬…中型 1/2 個
鮮奶油…1 大匙
作法
檸檬表面清洗乾淨後對切，只取用表皮的黃色部分戳成屑狀，擠出果汁。所有材料拌勻。

鯷魚醬

適用於：蔬菜三明治等

材料
蒜末…1/2 瓣
鯷魚…2 片、橄欖油…1/2 大匙
鮮奶油…1/4 杯
玉米澱粉、水…各 1/2 小匙
鹽、胡椒粉…各少量
作法
鯷魚拍碎，鍋子放橄欖油加熱、加入大蒜一起炒香，再加入剩下的材料拌勻即可。

〈香味奶油〉

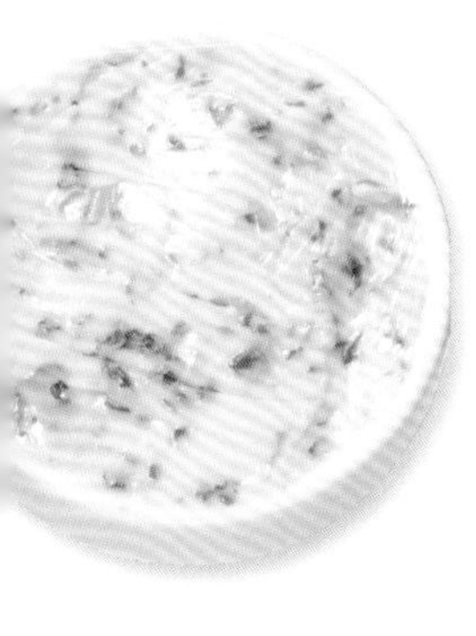

荷蘭芹醬

適用於：蛋和火腿三明治等

材料
奶油…4 大匙
荷蘭芹末…2 小匙
作法
材料混合，攪拌到呈乳霜狀即可。

檸檬奶油醬

適用於：魚類三明治等

材料
奶油…4 大匙
檸檬汁…1/2 小匙
作法
材料混合，攪拌到呈乳霜狀。

漢堡

速食的基本款
也能在家自在變化

基本作法

材料（2 人份）

漢堡用麵包…2 個
洋蔥末…1/4 個
麵包粉…3 大匙
牛奶…1 大匙
牛絞肉…150g
蛋…1 個
鹽、胡椒粉…各適量
〈醬料〉

作法

①洋蔥放進耐熱碗裡、罩上保鮮膜，送進微波爐 (500W) 加熱 2 分 30 秒。
②深碗裡放麵包粉、牛奶攪拌，浸泡 2 ～ 3 分鐘。
③牛絞肉和①、②、蛋液、鹽、胡椒粉充分攪拌。
④將③分成 2 等分，整型成和麵包大小相符、中央壓凹，放進平底鍋煎。
⑤在④的上面塗抹〈**醬料**〉。
⑥麵包內側抹上奶油，鋪好萵苣、起司、番茄、酸黃瓜，同時把⑤夾進去。

芥末醬

一般而言，用在漢堡上的芥末醬泛指黃色的芥末醬，用薑黃著色的鮮黃色是其特徵。末醬更沈穩的辣味和清爽的酸味，即使大量使用也很好吃。若和雞肉或火腿搭配，建議選用蜂蜜芥末醬。顆粒芥末醬的味道更穩定，嘴裡享受著咬著顆粒口感，又能體驗到芥末醬原有的芳香。

除了用做香腸和燉湯的提味，也可以當嫩煎肉排的醬料使用。

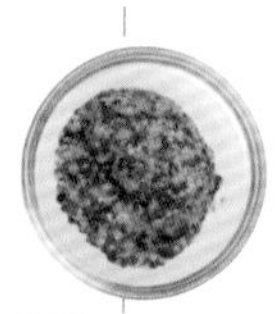

〈醬料〉

BBQ醬

材料

水…1/4 杯
番茄醬、粗粒黑胡椒粉、辣醬油、黃芥末醬…各 1 大匙、蜂蜜…2 大匙
紅辣椒、蒜粉、奧勒岡…各少量

作法

所有材料拌勻，煮滾。

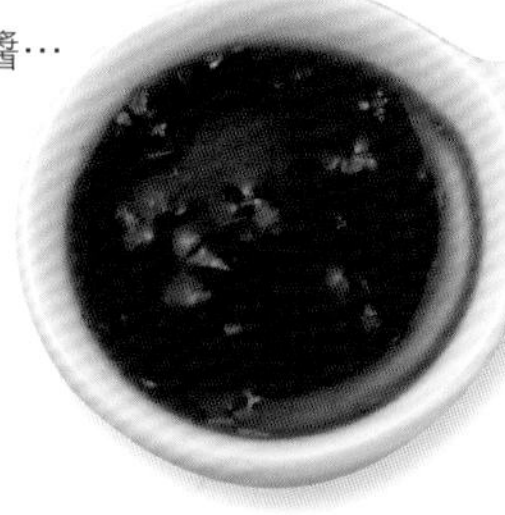

酪梨醬

材料

墨西哥辣椒醬…1/2 小匙
EXV 橄欖油…1 大匙
鹽、胡椒粉…各適量
酪梨碎丁…1/2 個
檸檬汁…1/2 大匙
洋蔥末、番茄碎末…各 1 大匙

作法

所有材料充分拌勻，在基本作法⑤抹在漢堡肉上。

酸黃瓜美乃滋醬

材料

醃酸黃瓜碎末…1/2 大匙
洋蔥末…1/2 小匙
美乃滋…1 大匙、胡椒粉…少量

作法

所有材料拌勻（如果沒有酸黃瓜，也可以用蕗蕎取代），在基本作法⑤抹在漢堡肉上。

照燒醬

材料

酒、味醂、醬油…各 1 大匙
蜂蜜…1 大匙
鹽、胡椒粉…各少量

作法

所有材料放進鍋裡，開小火煮到沸騰，在基本作法⑤抹在漢堡肉上。

千島醬

材料

美乃滋、番茄醬、洋蔥末…各 1 大匙
醋、砂糖…各 1 小匙
鹽、胡椒粉…各少量

作法

所有材料放進鍋裡，在基本作法⑤抹在漢堡肉上。

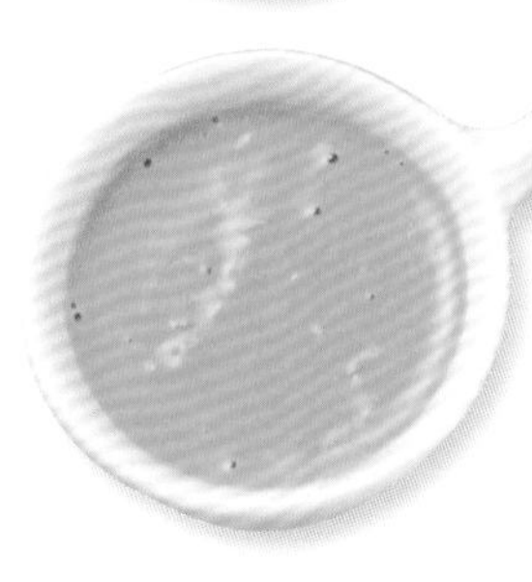

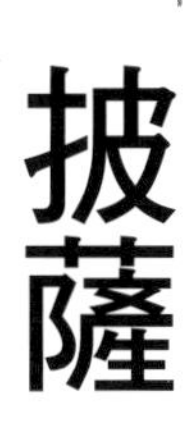

披薩

大人、小孩都很愛！聚餐時的基本款務必動手試試看！

〈醬料〉

披薩醬

材料
橄欖油…2 大匙
蒜末…1/4 大匙
洋蔥末…1/3 杯
水煮番茄(罐頭)…1 瓶 (400g)
奧勒岡、鹽、胡椒粉…各適量
作法
鍋裡放橄欖油炒大蒜，等聞到香味後，放入洋蔥拌炒到變軟，加入剩下的材料，煮 10 分鐘左右到醬汁微收乾。

熱那亞醬

材料
羅勒…50g、松子…20g、大蒜…1 瓣
橄欖油…1/2 杯、鹽…1/2 ～ 1 小匙
起司粉…2 大匙
作法
所有材料放進攪拌機攪拌，打成糊狀。

明太子奶油醬

材料
奶油起司…50g
明太子…1 條、鮮奶油…2 大匙
作法
材料拌勻。

鯷魚蒜味醬

材料
番茄糊…9g、鯷魚醬…3g
酸豆末…2g
蒜泥…1/4 瓣
奧勒岡…1/4 小匙
橄欖油…1/2 大匙
作法
所有材料拌勻。

古岡左拉起司醬

材料
古岡左拉起司…10g
鮮奶油…1.5 大匙
蜂蜜…2 小匙，鹽、胡椒粉…各適量
作法
材料放進鍋裡加熱，快要沸騰前熄火，加入鹽、胡椒粉調味。

基本作法

材料（2 人份）
低筋麵粉…200g
乾酵母粉…6g
砂糖…1 小匙
牛奶…3/4 杯
橄欖油…1 小匙
〈醬料〉

作法
①將低筋麵粉放入大碗裡，在正中央放乾酵母粉、砂糖、加溫到人體溫度的 2/3 量的牛奶。靜置 1 分鐘之後，用指尖攪拌牛奶、酵母粉和砂糖，再靜置 1 分鐘。
②加入剩下的牛奶，快速整體混合，等揉成麵糰後，加入橄欖油，揉到麵糰均勻，整成圓形再放進大碗裡，表面抹上橄欖油（分量外），罩上保鮮膜，在室溫下醱酵約 1 小時。
③用食指插入麵糰中心，若麵糰不沾手指、洞沒有復原，表示醱酵完成。
④用手輕輕按完成一次醱酵的麵糰 4 ～ 5 次，擠出麵糰裡的空氣。再把麵糰分成 4 等分揉圓，排列好、蓋上保鮮膜，在室溫下進行二次醱酵約 30 分鐘。
⑤用手掌將二次醱酵完成的麵糰壓扁、攤開，再用擀麵棍輕輕推開。將整個麵糰擀成 0.1 ～ 0.2 公分的厚度，抹上喜歡的〈**醬料**〉，鋪上食材再送進烤箱加熱。

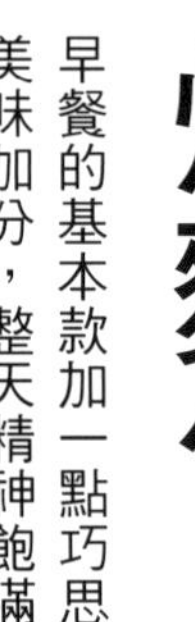

烤麵包

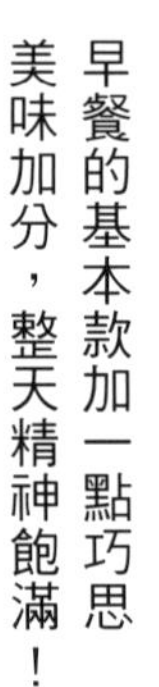

早餐的基本款加一點巧思
美味加分，整天精神飽滿！

基本作法

材料（2 人份）
喜歡的麵包
〈醬料〉
作法
喜歡的麵包烤過後，塗抹〈**醬料**〉。

鮪魚醬

材料
鮪魚罐頭…1/2 瓶 (40g)
大蒜…1/2 瓣
鯷魚…1 片、蛋黃…1 個
橄欖油…1/3 杯
美乃滋…2 小匙
檸檬汁…1/2 大匙
法式芥末醬…1/2 小匙
鹽、白胡椒粉…各少量

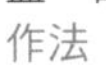

作法
鮪魚濾掉水分，大蒜切半、去芯後切薄片，將材料放進食物調理機攪拌均勻到呈柔滑狀，視味道濃淡加鹽、胡椒粉調味。

和風奶油起司醬

材料
柴魚片…5g
奶油起司…100g
醬油…1/4 小匙
炒白芝麻…適量
作法
柴魚片放進耐熱容器裡，直接送進微波爐 (500W) 加熱約 1 分鐘，取出搗碎成柴魚粉。奶油起司也放進微波爐加熱 1 分鐘軟化（每 30 秒看一下狀況），加入炒白芝麻、柴魚粉和醬油拌勻。

〈醬料〉

大蒜醬

材料
奶油…2 大匙
荷蘭芹末…2 小匙
橄欖油…2 小匙
蒜泥、鹽、胡椒粉…各少量
作法
奶油放室溫軟化，加入荷蘭芹、橄欖油、大蒜、鹽、胡椒粉拌勻。

小倉醬

材料
市售粒狀紅豆餡…100g
鮮奶油…1/2 杯
砂糖…1 大匙
奶油…2 大匙
櫻桃 (罐裝)…2 個
作法
鮮奶油倒進碗裡，加入砂糖攪拌到八分發泡。烤得微焦的麵包抹上奶油，上面塗抹粒狀紅豆餡、鮮奶油，最後用櫻桃裝飾。

草莓醬

材料
草莓…100g
砂糖…2 大匙
檸檬汁…1 小匙
作法
草莓洗淨、去蒂，將所有材料放進耐熱容器裡，送進微波爐 (500W) 加熱 30 秒（煮滾到出水的狀態），取出攪拌均勻，再次放回微波爐加熱約 30 秒，然後任其自然冷卻。

湯品

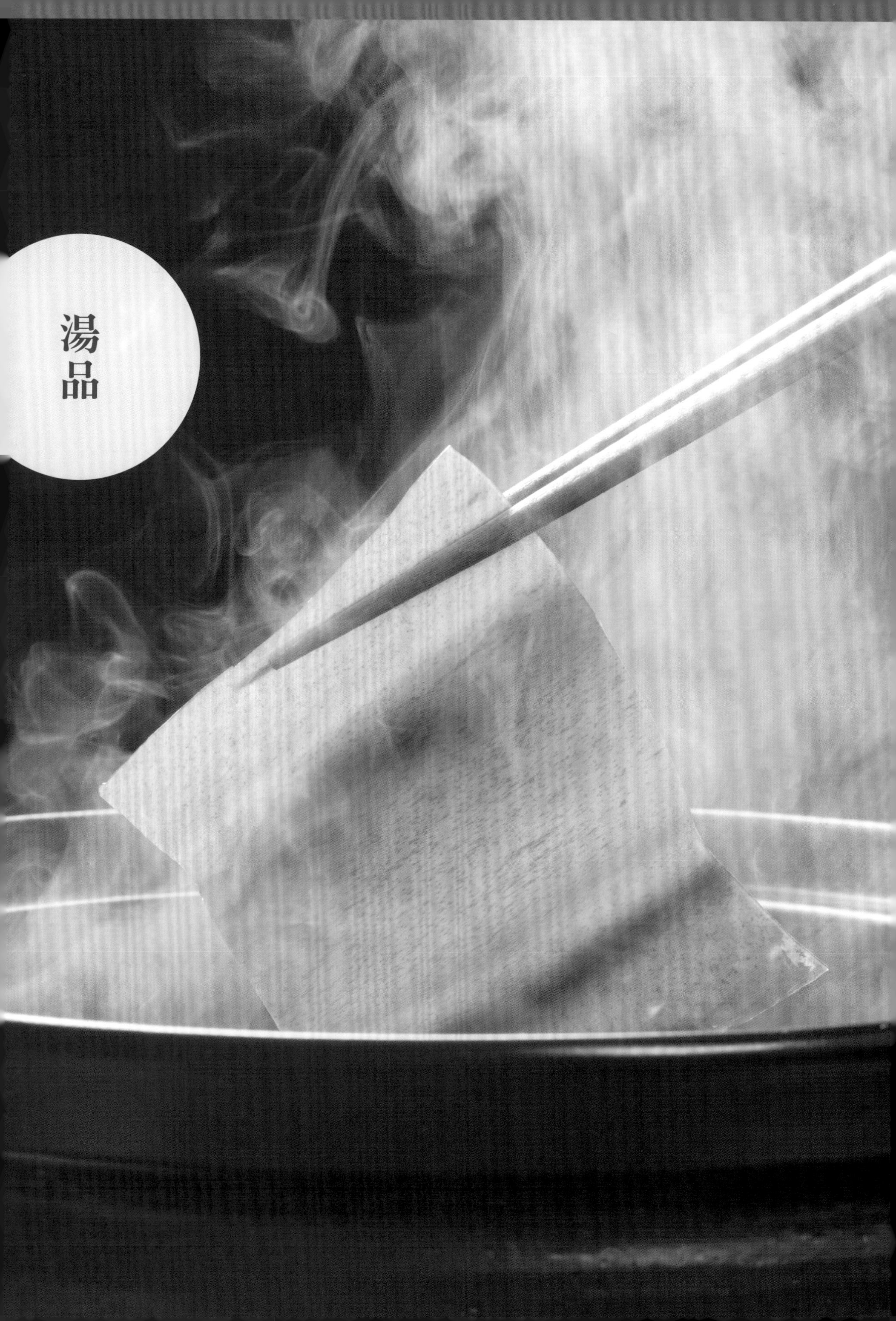

味噌湯

即使是屹立不搖的
基本款菜單
也能利用各種變化
展現出完全不同的風貌

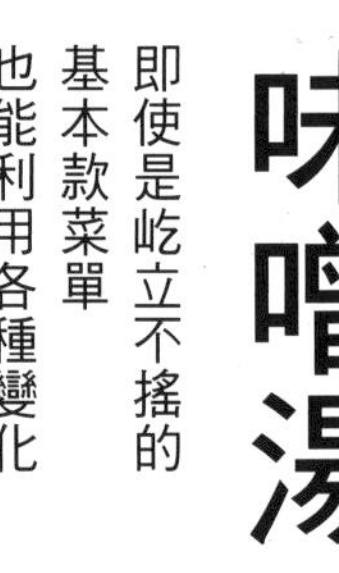

基本作法

材料（2 人份）
嫩豆腐…1/4 塊
油豆腐…1/3 片
細蔥…少量
乾海帶芽…2g
〈高湯〉
〈味噌〉

作法

①嫩豆腐切丁、油豆腐切成 1 公分丁狀，細蔥切末，乾海帶芽泡水復原。
②鍋裡放〈**高湯**〉加熱後，加入豆腐、海帶芽煮到滾。
③〈**味噌**〉用水勻開後加入，快要沸騰前加入蔥花，熄火。

高湯和美味的結構

料理的味道會因為美味的加分效果，變得更好吃。例如，大豆、起司、昆布等含有大量的穀胺酸，和小魚干、柴魚片、肉類等含量豐富的肌苷酸搭配，會形成更豐富的美味。在做味噌湯時，由於味噌含有大量的穀胺酸，因此烹調訣竅在於和小魚干、柴魚片高湯等肌苷酸含量高的高湯搭配。如果使用小魚干高湯，則呈現家常菜的口味；如果使用柴魚高湯，則會有高檔料理的口感。

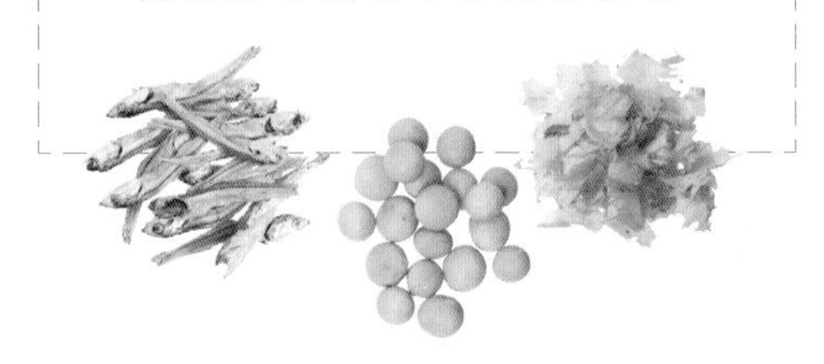

基本的味噌湯

適用於：搭配豆腐和海帶芽

材料
高湯…2 杯、味噌…2 大匙

作法
鍋裡放〈**高湯**〉加熱，〈**味噌**〉先用水勻開。參照基本作法。

芝麻味噌湯

適用於：搭配葉菜和新鮮菇類

材料
高湯…2 杯、味噌…2 大匙
白芝麻粉…1.5 大匙

作法
鍋裡放〈**高湯**〉煮滾，加入配菜，〈**味噌**〉用水勻開後加入，盛碗撒上白芝麻粉。

豆漿味噌湯

適用於：搭配根莖類和油豆腐

材料
高湯…1 杯、味噌…2 小匙
豆漿…1/2 杯

作法
鍋裡放〈**高湯**〉煮滾，加入配菜，〈**味噌**〉用水勻開後加入，最後加豆漿。

西式味噌湯

適用於：搭配培根肉和小番茄

材料
高湯…2 又 1/4 杯
西式高湯粉…1 大匙
味噌…1 大匙、橄欖油…少量
起司粉…適量

作法
鍋裡放〈**高湯**〉煮滾，加入配菜煮。放雞高湯粉，待溶解後熄火，〈**味噌**〉用水勻開後加入。盛碗，淋上橄欖油、撒起司粉。

味噌

味噌和醬油並列日本最具代表性的調味料，它不僅具有濃郁的口感，在營養方面也很優質，含有 8 種人類不可或缺的必需胺基酸。反映著各地的飲食文化，以及色彩濃厚的風土人情，日本各地均有當地特有的味噌。

米味噌

原料為大豆、米麴、鹽，佔日本產量約 80％。米麴比例高的是甜味噌，比較低的則稱為鹹味噌。

麥味噌

原料為大豆、麥麴、鹽，大多為農家自用，因此也稱為「田舍味噌」。

赤味噌（豆味噌）

原料為大豆、鹽，將蒸熟的大豆直接做成麴，經過長期熟成而製成，濃郁甘甜味和微微的豆酸味是其特徵。在日本東海地方，稱之為八丁味噌。

各地特色味噌

1. 秋田（米味噌）
口感滑順，卻擁有濃烈的味道，比傳統的秋田味噌稍微偏甜。

2. 仙台（米味噌）
仿造由伊達政宗建造的味噌倉庫製造出的味噌，色澤偏紅口感清爽。

3. 江戶甘（米味噌）
帶有濃濃的甘甜味。和蒸熟大豆的製法相較之下，顏色呈濃濃的暗褐色。

4. 越後玄米（米味噌）
只有糙米麴才擁有的豐富濃郁口感以及獨特香味，適用於烹調肉類。

5. 加賀麴（米味噌）
具有鮮明的口感是其特徵，以往多以重鹹為主流，近年來也慢慢增加偏甜的口味。

6. 信州五穀（五穀味噌）
使用大豆、米、蕎麥、稗等 5 種麴，口感均衡的美味是其特徵。

7. 信州吟釀白（米味噌）
去除大豆的外皮、只使用中心部分的奢華味噌，建議用在拌菜等非加熱料理上。

8. 高山（米味噌）
減鹽、帶有甜味的味噌。米麴的甘甜和風味，襯托出清爽的口感。

9. 八丁赤味噌（混合味噌）
以色澤濃厚和獨特的香氣為特徵的八丁味噌，混合西京味噌製成。

10. 西京味噌
以米麴特有的甜味為特徵的味噌，是京都美食不可或缺的調味料，用於雜煮料理。

11. 廣島辣味噌（米味噌）
製作時加入辣椒成品而有微辣感的辣味味噌，適用於搭配油炸食品和肉類、魚貝類。

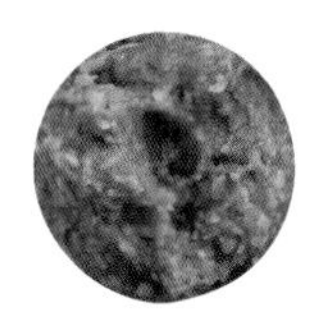

12. 瀨戶內麥（麥味噌）
麥麴比例高的味噌，滑順的甜甜味和小麥特有的香味是特徵，適用於味噌燒。

日本清湯

基本作法

材料（2 人份）

蛤仔…200g

〈湯底〉

作法

①蛤仔吐沙、洗淨，放濾篩瀝乾水分。

②鍋子放〈湯底〉，加入蛤仔煮滾，待開口後盛碗，撒上蔥花（分量外）。

〈湯底〉

清湯

適用於：魚板、鴨兒芹等

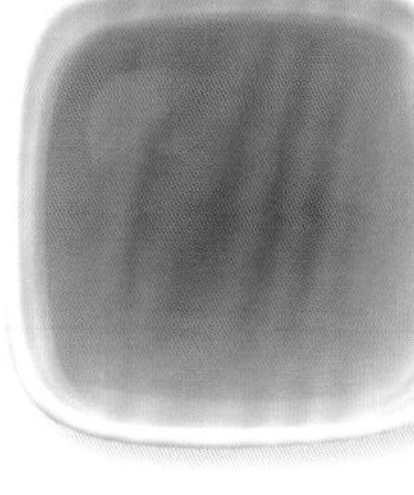

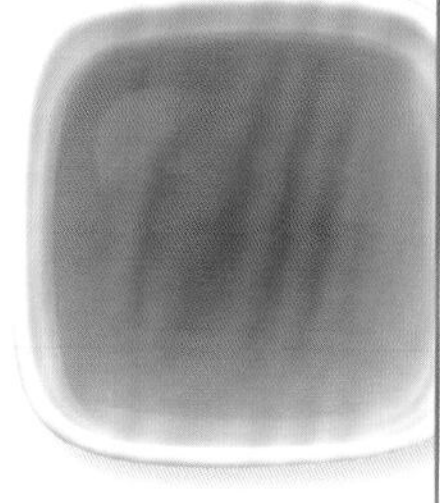

材料

湯底 [高湯…1.5 杯
酒、薄口醬油…各 1/2 大匙
鹽…少量]

作法

在鍋裡拌勻〈湯底〉、加熱，加入配菜。

海蘊湯

材料

湯底
[高湯 (昆布)…2 杯
酒…1 大匙
醬油…1/2 小匙]
薑絲…1/2 瓣
醋…1/2 大匙

作法

在鍋裡拌勻〈湯底〉、加熱，加入 60g 海蘊和薑絲後，加醋、少量鹽 (分量外) 調味。

豬肉湯

基本作法

材料（2 人份）

豬五花薄片…80g
油豆腐…1/2 片
蘿蔔…約 1.5 公分
紅蘿蔔…1/6 條
牛蒡…1/6 條
馬鈴薯…中型 1/2 個
蒟蒻…1/6 片
高湯…2.5 杯
沙拉油…少量
味噌…2 大匙
醬油…少量

作法

①豬肉切成 2 公分寬，油豆腐淋熱開水洗掉油分、切成條狀，蘿蔔切成條狀，紅蘿蔔切成半月片狀，牛蒡斜切薄片後浸水，馬鈴薯切成一口大小後泡水。蒟蒻先過熱水、切成條狀備用。

②鍋子放沙拉油加熱，放入豬肉炒到顏色變淡，放入高湯、蔬菜、蒟蒻煮到滾，撈掉浮沫、煮到牛蒡變軟。

③在②加入油豆腐，味噌用水勻開後加入，稍微煮滾後加醬油拌一下。

基本的豬肉湯

適用於：豬五花肉、蘿蔔、紅蘿蔔、牛蒡、馬鈴薯等

材料與作法

參照基本作法。

芝麻奶油豬肉湯

適用於：高麗菜、豆腐等

材料

味噌…2 大匙、奶油…2 小匙
白芝麻粉…1 大匙

作法

在基本作法③加入味噌煮一下，盛碗。放入奶油、撒白芝麻粉。

泡菜豬肉湯

適用於：豬五花肉、紅蘿蔔、牛蒡、蒟蒻、荷蘭豆等

材料

味噌…1.5 大匙
韓式辣醬…1.5 大匙

作法

在基本作法③加入味噌和韓式辣醬煮一下，不加醬油。視個人喜好撒蔥花。

燉牛肉

基本作法

材料（4 人份）

牛筋肉…500g
紅蘿蔔…1 條
小洋蔥…12 個
馬鈴薯…3 個
〈醃醬〉
多明格拉斯醬罐頭…1 瓶
沙拉油…1 大匙
奶油…1 大匙
高湯塊…1 個
番茄…1 個
大蒜…1 瓣

作法

①紅蘿蔔切大的滾刀塊、小洋蔥去皮，馬鈴薯切成 4 等分、泡水。

②將牛筋肉放在大碗，淋上〈**醃醬**〉醃 2 小時以上。取出肉、拭去多餘水分，醃醬留著備用。平底鍋加熱奶油，放肉進去煎過再移到較深的鍋子裡。

③在②的平底鍋加沙拉油，放入①拌炒。

④把醃醬倒入深鍋裡，加入可蓋過肉的水和高湯塊，開中火煮，加入③的配菜和切大塊的番茄、大蒜拌一下，鍋蓋開小縫燜煮 1 小時。等肉變軟再加入多明格拉斯醬，鍋蓋打開，慢慢煮到喜好的濃度。

〈醃醬〉

基本的燉牛肉

材料

醃醬 [紅酒…1 杯
月桂葉…1 片、迷迭香…1 枝
丁香…5 顆、高湯塊…1 個]

作法

參照基本作法。

和風燉牛肉

材料

高湯…3 杯
A [番茄醬…1.5 大匙
赤味噌…1.5 大匙
田舍味噌…1 大匙
砂糖…1.5 大匙
醬油…1/2 小匙]

作法

肉、蔬菜等喜歡的配菜切成適口大小。番茄 200g 壓碎，和高湯、A 拌勻後加熱，加入肉和蔬菜轉小火燜煮。

濃湯

基本作法

材料（4 人份）

雞腿肉…2 片
鹽、胡椒粉…各少量
洋蔥…1 個
紅蘿蔔…1 條
馬鈴薯…2 個
橄欖油…1 大匙
麵粉…適量
〈湯汁〉
〈調味〉
〈溶水玉米澱粉〉

作法

①雞腿肉切成一口大小，撒鹽、胡椒粉調味。

②洋蔥切梳形，紅蘿蔔切滾刀塊，馬鈴薯切成 8 等分，青花菜剝成小朵。

③平底鍋放橄欖油加熱，雞肉抹好麵粉、下鍋煎到兩面上焦色，加入〈**湯汁**〉轉小火煮約 20 分鐘。

④加入蔬菜煮 7～8 分鐘，加入〈**調味**〉再煮 2～3 分鐘，最後一面加入〈**溶水玉米澱粉**〉、一面攪拌到產生稠度，完成。

白醬濃湯

材料

湯汁 [高湯塊…2 個
水…2.5 杯]
調味 [牛奶…1 杯
鹽、胡椒粉…各適量]
溶水玉米澱粉
[玉米澱粉…4 大匙
水…8 大匙]

作法

參照基本作法。

豆漿濃湯

材料

豆漿…2 杯
調味 [味噌…2 大匙
醬油…1 小匙、鹽…少量]

作法

麵粉和基本作法①的雞肉一起拌炒到沒有麵粉味，加入豆漿混合，待煮出稠度時，加入〈**調味**〉拌煮到稠度一致即可。

法式燉湯

湯汁入味
味道甘甜的蔬菜
放一晚會更美味

基本作法

材料（4 人份）
紅蘿蔔…2 條
洋蔥…1 個
香腸…8 條
馬鈴薯（五月薯）…4 個
〈湯汁〉
巴西利…適量
芥末醬…適量

作法

①紅蘿蔔對半縱切，洋蔥切成 4 等分梳形，馬鈴薯去皮後保留整顆或切半。

②將〈湯汁〉的材料放進深鍋裡，加入紅蘿蔔、洋蔥，開大火煮到滾，轉小火煮 35 ～ 40 分鐘。

③加入馬鈴薯和香腸，再煮 20 分鐘，試一下味道，若不夠味再加少量鹽調整。盛碗，撒巴西利，附上芥末醬。

混合香料束

以數種香草紮成束的香料束，用在燉煮時增添風味、消除魚貝類的腥味。比較具代表性的常用香草，有月桂葉、百里香、荷蘭芹、芹菜等。基本上都是使用乾燥的，荷蘭芹和芹菜則使用新鮮的。香料束並沒有固定的組合，視烹調時使用的食材、自己的喜好搭配。也有包在紗布袋、一次一包分量的市售品，相當方便。長時間放在鍋裡煮會釋出苦澀味，因此請在食用前取出。

〈湯汁〉

基本的燉湯

適用於：搭配豬肉、蔬菜

材料
湯汁 [月桂葉…1 片、高湯塊…1 個
水…5 杯、鹽…1/2 大匙]

作法
在基本作法②將〈湯汁〉的材料放入鍋裡，加配菜一起煮。參照基本作法。

番茄燉湯

適用於：搭配雞肉、蔬菜

材料
湯汁① [水…4 杯
高湯粉…1 小匙]
湯汁② [水煮番茄 (罐裝)…1 瓶 (400g)
鹽、胡椒粉…各少量]

作法
在基本作法②將〈湯汁①〉的材料放入鍋裡，加配菜一起煮 20 分鐘左右，再加入〈湯汁②〉和配菜，煮 10 分鐘。

和風燉湯

適用於：搭配牛肉、蔬菜

材料
湯汁 [高湯…5 杯、味醂…2 小匙
薄口醬油…1 小匙
鹽、胡椒粉…各適量]
芥末醬…適量

作法
在基本作法②將〈湯汁〉的材料放入鍋裡，加配菜一起煮。參照基本作法。盛碗，附上芥末醬。

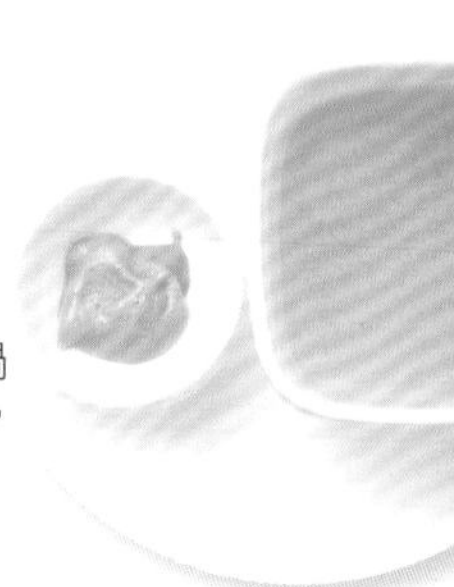

民族風味燉湯

適用於：搭配雞肉、蔬菜

材料
湯汁 [水…4 杯、酒…1/4 杯
鹽…1/2 小匙、薑切薄片…1 瓣
魚露…2 大匙、乾紅辣椒…1 條]

作法
在基本作法②將〈湯汁〉的材料放入鍋裡，加配菜一起煮。鹽、魚露可依個人喜好增減。

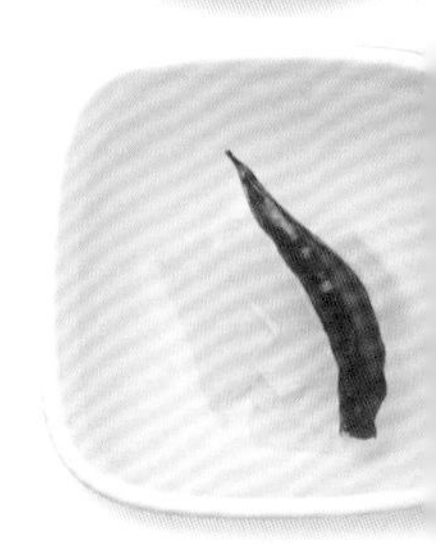

蛤蜊巧達濃湯

基本作法

材料（4 人份）

蛤仔…500g
白酒…1/4 杯
培根肉（塊狀）…30g
洋蔥…1 個
馬鈴薯…1 個
橄欖油…適量
麵粉…4 大匙
〈湯汁〉
青豆仁…適量
〈潤飾〉

作法

①蛤仔吐沙、洗淨後放進鍋裡，加白酒蓋上鍋蓋，開大火煮 2 ～ 3 分鐘，待開口後熄火、燜蒸，分開蛤仔和蒸汁。

②培根肉切成 0.5 公分寬柱狀、洋蔥切 1 公分丁狀、馬鈴薯切成 2 公分丁狀，放進鍋裡、加橄欖油拌炒。待洋蔥炒熟，加入麵粉繼續炒，等麵粉和其他食材混合均勻後，分 2 ～ 3 次加入〈**湯汁**〉，一邊加湯汁一邊勻開材料。

③加入蛤仔的蒸汁、青豆仁，一邊慢慢地攪拌一邊開大火煮到滾，轉小火煮到蔬菜變軟。

④加入蛤仔、〈**潤飾**〉的材料，煮到滾。

〈湯汁〉〈潤飾〉

基本的蛤蜊巧達濃湯

材料

湯汁 [西式高湯…2 杯]
潤飾 [牛奶…2 杯、鹽…1 小匙、百里香…少量]

作法

先拌勻〈**潤飾**〉的材料，參照基本作法。

曼哈頓蛤蜊巧達濃湯

材料

湯汁 [水煮番茄塊（罐裝）…1 瓶 (400g)
西式高湯…1 杯、月桂葉…1 片]

作法

在基本作法②拌炒配菜，待洋蔥炒熟後不要加麵粉，而是把基本作法①的蛤仔蒸汁和〈**湯汁**〉材料放進鍋裡煮，5 分鐘之後加入蛤仔和月桂葉，再煮 3 分鐘。煮好後取出月桂葉，加少量的鹽、胡椒粉（分量外）調味。

義大利番茄冷湯

基本作法

材料（2 人份）

小黃瓜…1/2 條
青椒…1/2 個
洋蔥…1/4 個
芹菜…1/4 根
番茄…2 個
土司麵包…1/2 片
大蒜…1/2 瓣
〈混搭調味料〉
鹽、胡椒粉…各少量

作法

①食材洗淨，番茄汆燙去皮、去籽。

②番茄、小黃瓜、青椒、洋蔥、芹菜、大蒜，全部大致切塊。

③大碗裡加入②和麵包、〈**混搭調味料**〉拌勻，放進冰箱裡冷卻約 1 小時。

④把③倒進攪拌機攪碎，途中加冷水調整濃度，最後加鹽、胡椒粉調味。

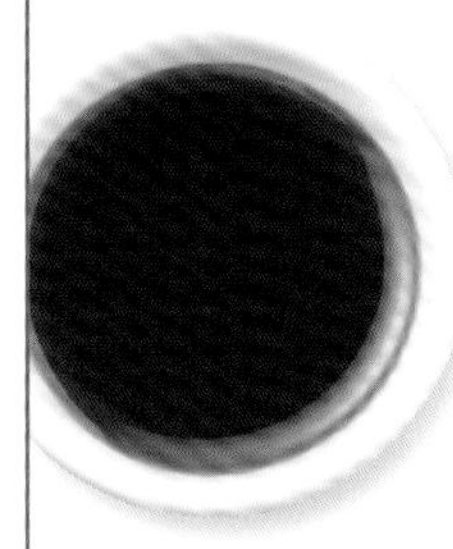

〈混搭調味料〉

基本的番茄冷湯

材料

橄欖油…1 大匙
酒醋（紅或白）…1/2 大匙
小茴香粉…少量
甜椒粉…1/2 大匙

作法

所有材料充分拌勻，參照基本作法。

和風番茄冷湯

材料

芝麻油、醋…各 1 大匙
柚香胡椒粉…1 小匙
番茄…小型 3 個
洋蔥…1/2 個
小黃瓜…1/2 條
紅甜椒…大型 1 個

作法

材料混合，在基本作法③加入蔬菜和麵包混合、醃漬，放進攪拌機攪拌，參照基本作法。

義式蔬菜湯

基本作法

材料（4 人份）

馬鈴薯…1 個
紅蘿蔔…1 條
高麗菜…2 片
芹菜…1/2 條
培根肉…1 片
洋蔥薄片…1 個
大蒜薄片…2 ～ 3 片

A [橄欖油…1 大匙
奶油…1/2 大匙]

〈湯汁〉
月桂葉…1 片
鹽…1/2 小匙
胡椒粉…少量

作法

①馬鈴薯、紅蘿蔔、高麗菜、芹菜切成 1 公分丁狀，培根肉切細絲。

②A 倒入鍋裡加熱，放入洋蔥、大蒜、培根肉拌炒，待聞到香味後，加入所有的蔬菜，轉小火、蓋上鍋蓋，蒸煮約 15 分鐘。待湯汁收到剩一半時，慢慢倒入〈湯汁〉煮。待蔬菜變軟了，再倒入剩下的〈湯汁〉、月桂葉，轉中火煮到蔬菜又變得更軟，加鹽、胡椒粉調味。

〈湯汁〉

基本的義式蔬菜湯

材料

湯汁
[水煮番茄 (罐裝)…1 瓶 (400g)
高湯塊…1 個、水…3 杯]

作法

高湯塊先用水溶解，使用方式請參照基本作法。

和風蔬菜湯

材料

湯汁 [和風高湯…3 杯
醬油…1/2 大匙、酒…1 大匙
鹽、胡椒粉…各少量]

作法

在基本作法②加入〈湯汁〉，煮到蔬菜變軟。

玉米濃湯

基本作法

材料（2 人份）

洋蔥…1/4 個
奶油…1 大匙
玉米…2 條

〈湯汁〉
〈潤飾〉

作法

①洋蔥切薄片，奶油放進鍋裡加熱，加入洋蔥炒到變軟。

②玉米用菜刀把果實刮下，加入①的鍋裡拌炒，倒入〈湯汁〉的材料，待煮滾後轉小火煮 20 分鐘。

③把②倒入攪拌機攪拌均匀後倒回鍋裡，加入〈潤飾〉的材料煮到滾。

〈湯汁〉、〈潤飾〉

基本的玉米濃湯

材料

湯汁 [熱開水…1.5 杯
高湯塊…1/4 個
鹽…1/4 小匙、胡椒粉…少量]

潤飾 [牛奶…1/2 杯
鹽、胡椒粉…各適量]

作法

〈潤飾〉拌勻，參照基本作法。

番茄玉米濃湯

材料

洋蔥…3/4 個、白酒…1/2 杯

湯汁① [水煮番茄 (罐裝)…3/4 瓶 (300g)
百里香 (乾燥)…少量
月桂葉…1 片]

湯汁② [高湯塊…1/2 個
水…1.5 杯]

作法

在基本作法①拌炒洋蔥到變軟，再加入白酒煮。加入〈湯汁①〉、番茄用木杓壓碎，一面收乾湯汁一面煮，待煮出稠狀時，加入〈湯汁②〉。煮滾後轉小火。倒入攪拌機攪拌後再倒回鍋裡加熱，最後加少量鹽（分量外）調味。

中式湯品

基本作法

材料（2 人份）

〈**混搭調味料**〉

喜歡的配菜（豬肉和蔬菜等）

太白粉水…適量

蛋…1 個

作法

①將〈**混搭調味料**〉放進鍋子裡煮滾，再加入豬肉、蔬菜等喜歡的配菜。

②待配菜煮熟後，加入適量太白粉水勾芡，蛋打散加入。

〈混搭調味料〉

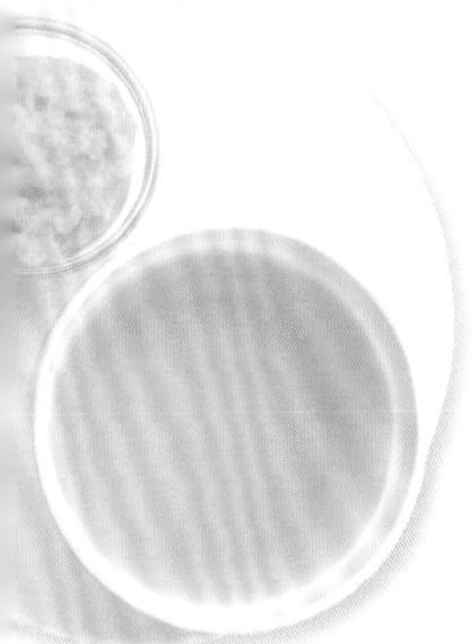

中式玉米湯

材料

混搭調味料

[酒…2 小匙

雞湯粉…1/2 小匙

鹽…1/2 小匙

胡椒粉…少量]

玉米醬罐頭…小 1 瓶 (130g)

作法

將〈**混搭調味料**〉倒入鍋裡煮開，加入玉米醬，參照基本作法。

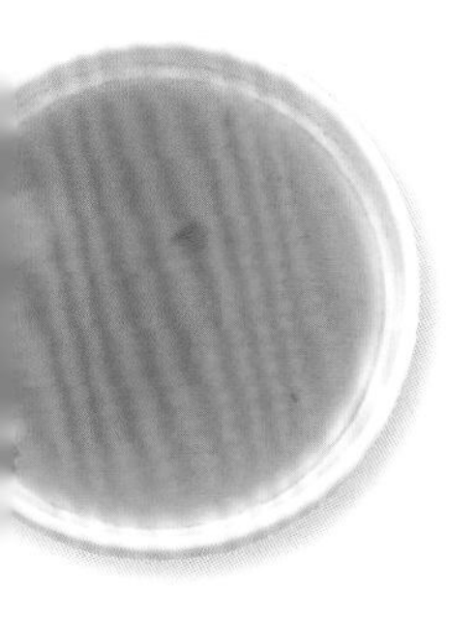

酸辣湯風味

材料

混搭調味料

[醋…1 大匙

雞湯…2 杯

豆瓣醬…2 小匙]

作法

將〈**混搭調味料**〉倒入鍋裡煮開，加入喜歡的配菜煮，參照基本作法。

馬賽魚湯

基本作法

材料（2 ～ 3 人份）

帶肉魚骨頭…800g

蔥、洋蔥、芹菜…各 50g

番茄…2 個

蝦殼…8 ～ 10 尾

橄欖油…2 小匙

水…3 杯

〈**混搭調味料①**〉

〈**混搭調味料②**〉

水煮番茄 (罐裝)…1 瓶 (400g)

番紅花…少量

鹽…1/2 小匙

胡椒粉…少量

巴西利…適量

作法

①帶肉魚骨頭分成肉多的部分（配菜）和肉少的部分（高湯用）。高湯用的部分用水沖洗、清掉血污。配菜用的部分撒鹽、汆燙後，放進冷水中去鱗片、瀝乾水分。

②蔥、洋蔥、芹菜、番茄切成 0.5 公分寬的薄片。

③鍋裡放橄欖油開中火加熱，放入蝦殼炒到轉紅色，依序加入②的蔥、洋蔥、芹菜、帶肉魚骨頭（高湯用）拌炒。加入〈**混搭調味料①**〉炒，等酒精揮發後，再加入水和〈**混搭調味料②**〉煮滾，撈掉浮沫、轉小火煮 15 分鐘。

④用鋪著紗布（或是廚房紙巾）的篩子過濾。

⑤把④倒回鍋子裡再度開中火煮到沸，加入①的魚骨頭（配菜）、水煮番茄，用中火煮到滾，加入②的番茄薄片攪拌，加入番紅花、鹽、胡椒調味，撒上巴西利。

〈混搭調味料〉

基本的馬賽魚湯

材料

混搭調味料① [白酒…1/2 杯

大蒜…1 瓣]

混搭調味料② [胡椒粒…2 粒

混合香料束 (P88)…1 束]

作法

參照基本作法。

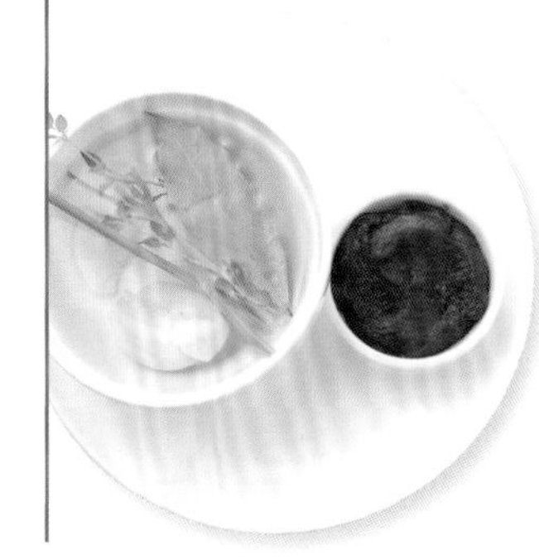

簡易馬賽魚湯

材料

混搭調味料① [白酒…1/2 杯

月桂葉…1 片、大蒜…2 瓣

荷蘭芹的莖…2 ～ 3 枝

百里香 (新鮮)…少量]

番茄糊…1 大匙

作法

大蒜拍碎，〈**混搭調味料①**〉在基本作法③加入烹煮。在基本作法⑤加入番茄糊，取代水煮番茄。

泰式鮮蝦酸辣湯

利用市售的調味醬包，輕鬆就能完成加入香草就成了道地美味

基本作法

材料（2 人份）
杏鮑菇…2 條
番茄…1/2 個
蝦…2 尾
〈湯汁〉
〈潤飾〉
香菜末…適量

作法

①杏鮑菇切薄片，番茄切成梳形，蝦去腸泥、用鹽水洗淨。
②鍋裡放〈**湯汁**〉開火，煮到滾。
③放入蝦子煮熟，再加入杏鮑菇和番茄。
④加入〈**潤飾**〉，盛盤，撒適量香菜飾頂。

蝦醬

泰式鮮蝦酸辣湯（Tomuyamukun）的「kun」，在泰語裡是「蝦」的意思。蝦子含有豐富的胺基酸成分，因此常當作料理的高湯使用。在亞洲國家裡，把蝦類加鹽醱酵、製成糊狀調味料，是特有的文化。尤其是泰國的蝦醬，稱為「kabi」擁有獨特的濃烈風味，少量加在泰式酸辣湯調味，馬上就能呈現道地的口味。

〈湯汁〉、〈潤飾〉

簡易鮮蝦酸辣湯

材料
湯汁 [雞湯粉…1 小匙
水…3 杯、泰式酸辣湯調味醬…2 大匙
泰國青檸葉…2 ～ 3 片
香菜…1 株]
潤飾 [蔗糖…1 小匙
檸檬汁…1 小匙
魚露…1/2 小匙]
作法
參照基本作法，在②加入〈**湯汁**〉，在④加入〈**潤飾**〉。

鮮蝦酸辣湯（越式清湯）

材料
湯汁 [泰式酸辣湯調味醬…2 大匙
水…3 杯、薑薄片…2 片
檸檬草…1/5 根、綠辣椒…2 條]
潤飾 [魚露…1 大匙
檸檬汁…1 大匙
雞湯…1/2 小匙]
作法
參照基本作法，在②加入〈**湯汁**〉，在④加入〈**潤飾**〉。

鮮蝦酸辣湯（越式濃湯）

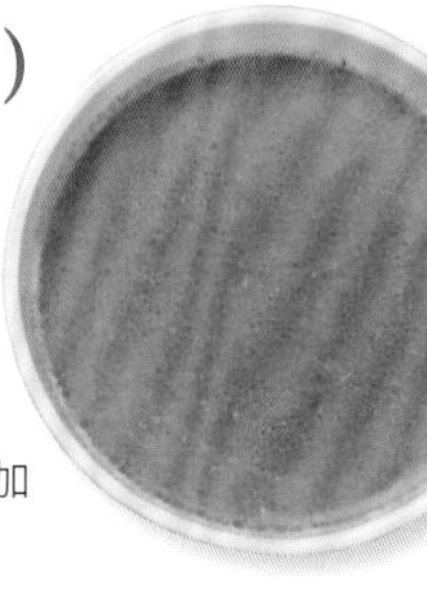

材料
湯汁 [泰式酸辣湯調味醬…1 大匙
水…2.5 杯、椰奶…1/2 杯
香菜…適量]
潤飾 [檸檬汁…1 大匙、魚露…2 大匙]
作法
參照基本作法，在②加入〈**湯汁**〉，在④加入〈**潤飾**〉。

麵

炒烏龍麵

基本作法

材料（2 人份）

水煮烏龍麵…2 球
豬肉絲…150g
竹輪捲…小的 2 根
洋蔥…1/4 個
紅蘿蔔…1/3 條
細蔥 …1/2 束
香菇…4 朵
鴻喜菇…1/2 包

〈調味料〉

沙拉油…4 大匙
胡椒粉…適量

作法

①材料洗淨。豬肉切成適口大小，竹輪捲輪切成 0.5 公分寬，洋蔥去皮、切薄片；紅蘿蔔去皮切成 3 公分條狀，細蔥切成 4 公分長段。

②香菇去蒂、切薄片，鴻喜菇切除根部、剝成小朵。

③烏龍麵用水沖洗鬆開，瀝乾水分。

④平底鍋放沙拉油加熱，加豬肉、洋蔥拌炒，再加竹輪捲、紅蘿蔔、香菇、鴻喜菇一起炒。待蔬菜都軟化後，加入細蔥炒一下。

⑤最後放烏龍麵快速拌炒，淋上〈**調味料**〉、撒胡椒粉，拌到整體入味。

〈調味料〉

基本的炒烏龍麵

材料

醬油…2 大匙
蠔油…2 大匙

作法

材料拌勻，在基本作法⑤淋在麵上拌炒。

梅香昆布炒烏龍麵

材料

醬油…1 小匙
梅肉、鹽昆布…各 1 小匙
白熟芝麻…2 大匙

作法

材料拌勻，在基本作法⑤淋在麵上，不加胡椒，拌炒均勻。

烏龍麵

京都風味烏龍麵

材料

A [味醂、薄口醬油…各 2 大匙
高湯…4 杯、鹽…少量]
烏龍麵…2 球、魚板…4 片、細蔥…適量

作法

①把 A 放入鍋裡煮滾。

②加入烏龍麵煮一下，起鍋撈至湯碗。擺上魚板、細蔥末飾頂。

咖哩烏龍麵

材料

沙拉油…適量、雞胸肉…100g
洋蔥…1/2 個、酒…適量、高湯…2 杯
A [味醂、醬油…各 1 大匙、鹽…1/4 小匙]
B [麵粉…3 小匙、咖哩粉…1 ～ 2 大匙
牛奶…3/4 杯]
烏龍麵…2 球

作法

①雞肉切成適口大小，洋蔥切薄片。材料 B 拌勻。

②鍋子放沙拉油加熱，放進雞肉炒到變色，加洋蔥炒到變軟，撒酒。

③加高湯煮到滾，轉小火，撈掉浮沫，加入 A 、B 攪拌均勻。再度煮滾後，倒入已經盛好燙烏龍麵的大碗裡。

味噌烏龍麵

材料

油豆腐…1 片、雞腿肉…1/2 片、香菇…2 朵
蔥…1/2 根
A [八丁味噌…4.5 大匙、 味噌…1 大匙
高湯…4 杯、味醂…4 大匙
砂糖…2 小匙]
烏龍麵…2 球、蛋…2 個

作法

①油豆腐、雞肉、香菇、蔥切成適口大小。

②A 放入鍋裡加熱，把味噌勻開。加入烏龍麵、油豆腐、雞肉、香菇煮一下，加入蔥段、打蛋加入、蓋上鍋蓋，等蛋煮到快熟時熄火。

蕎麥麵

運用蕎麥麵的調味露
即使在家裡
也能做出蕎麥屋最道地的味道

〈調味露〉

蕎麥麵的基本調味露

材料
味醂、醬油…各 1/4 杯
高湯…3/4 杯、柴魚片…1.5 大匙
作法
柴魚片以外的材料放入鍋裡煮滾，加入柴魚片再煮到沸騰後熄火，待稍微冷卻後過濾。

蘑菇調味露

材料
味醂、醬油…各 2 大匙
砂糖…少量
高湯…1/2 杯
金針菇…1/2 袋、香菇…3 ～ 4 朵
鴻喜菇…1/2 包
作法
菇類洗淨後放進耐熱容器，放進微波爐 (500W) 加熱到變軟，加入剩下的材料，利用微波爐煮滾。

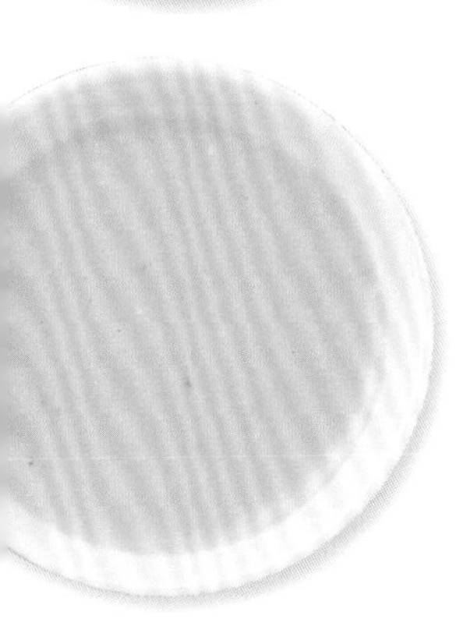

胡桃調味露

材料
麵味露（2 倍濃縮）…1/4 杯
胡桃…30g、水…1/2 杯
奶精…4 個
作法
胡桃以外的材料充分混合，胡桃放進研缽裡搗成糊狀，慢慢加入先前混合的材料拌勻即可。

加州風味調味露

材料
麵味露（2 倍濃縮）…1/2 杯
檸檬汁…2 大匙、水…1 杯
酪梨…1 個
青紫蘇（切細絲）…2 片
山葵醬…適量
作法
所有材料拌勻即完成。

基本作法
材料與作法（2 人份）
①鍋裡放足夠的水煮沸，放入乾麵條，依標示的時間煮。
②撈出麵條，並用水沖洗後瀝乾水分。
③盛入碗中，沾著〈調味露〉享用。

各式各樣的「片」

柴魚片是最普遍的，其他還有鯖魚片、宗田味柴魚片、鮪魚片等多種。堪稱「片」的代表～柴魚片，和其他魚製成的片相較下，具有更豐富的美味。以口味清爽為特徵的鯖魚片，在關東地方常用的是切成厚片，關西地方則是厚薄混搭魚片。鮪魚片的流通量少，知道的人不多，色澤淺薄、泡出來的高湯口感高級，適用於料理湯汁。

素麵

夏季的基本款
各種不同的調味露變化出吃不膩的口感

基本作法

材料（2人份）
素麵…3把
〈調味露〉

作法

①鍋裡放充足的水加熱到沸騰，放入素麵、用長筷攪拌，依包裝上的標示時間烹煮。
②起鍋放在濾篩上用水沖洗，冷卻後繼續沖水或是用冰水搓洗，取出、瀝乾水分。
③盛碗，沾著**〈調味露〉**一起享用。

素麵、涼麵條、烏龍麵

都是麵粉加鹽和水揉製成的乾燥麵食，因其粗細不同而有不同名稱。素麵是日本的麵類當中最細的麵，可做成涼麵、湯麵、炒麵等料理。涼麵條的粗細介於素麵和烏龍麵之間，在關東地方也有人當素麵食用。烏龍麵有的像讚岐烏龍麵那樣又粗又有嚼勁，也有像稻庭烏龍麵那樣又細又滑的細麵條，種類很多。

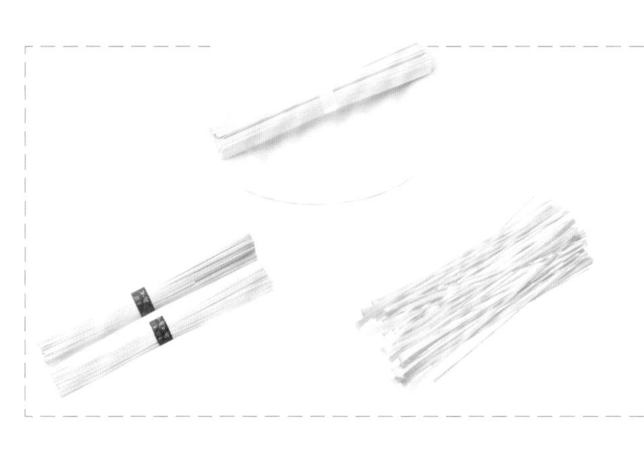

納豆調味露

材料
納豆…1包、麵味露（3倍濃縮）…1/2杯
水…1杯、黃芥末醬…1/2小匙
細蔥切末…適量
作法
納豆用菜刀剁碎到產生黏稠感，所有材料拌勻即可。

海苔山葵調味露

材料
高湯…1杯、海苔醬…3大匙
芝麻油…1小匙
山葵醬…1/2小匙
作法
所有材料拌勻即完成。

味噌風味調味露

材料
味噌…2大匙、蒜泥…少量
雞湯粉…1小匙
水…1.5杯、芝麻油…1大匙
粗粒黑胡椒粉…少量
作法
味噌以外的材料放入鍋裡煮1～2分鐘，味噌用水勻開後加入即可熄火。

中式芝麻調味露

材料
麵味露（3倍濃縮）…2.5大匙
蠔油…1小匙
薑泥…1/2片
蒜泥…少量
黑芝麻粉、芝麻油…各1大匙
黃芥末醬…1/4小匙、水…1/2杯
作法
所有材料拌勻即完成。

鹽味檸檬調味露

材料
高湯（昆布）…1又1/4杯
檸檬汁…1個
味醂…2大匙、鹽…2小匙
作法
所有材料拌勻即完成。

黃瓜泥薑味調味露

材料
麵味露（3倍濃縮）…2大匙
芝麻油…1小匙、鹽…少量
小黃瓜（磨成泥狀）…2條
薑泥…1/2片
黑熟芝麻…1大匙
山葵醬…1/4小匙、水…1.5大匙
作法
所有材料拌勻。

〈調味露〉

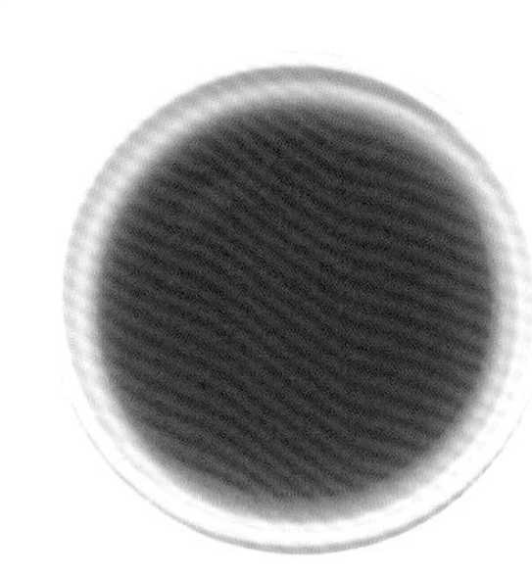

基本的素麵調味露

材料
高湯…1杯
味醂、醬油…各1/2大匙
作法
材料放進小鍋裡開中火煮到沸騰，撈掉浮沫後即可熄火。

南蠻調味露

材料
咖哩粉…1小匙
麵味露（2倍濃縮）…1/4杯
水…1.5杯、沙拉油…2小匙
作法
所有材料拌勻即完成。

芝麻調味露

材料
白芝麻醬…2大匙
麵味露（一般型）…3/4杯
砂糖…1/2小匙
作法
所有材料拌勻即完成。

味噌豆漿調味露

材料
味噌…2.5小匙
醬油…2小匙
柴魚高湯粉…1小匙
砂糖…1/2小匙
豆漿（原味）…3/4杯
醋…2小匙
作法
豆漿以外的材料充分混合，再加入豆漿一面拌開，一面拌勻。

番茄柑橘醋調味露

材料
番茄泥…1個
蒜泥…少量
柑橘醋醬油…2大匙
橄欖油…1小匙
蜂蜜…1/2小匙
鹽…1/4小匙、水…2.5大匙
作法
所有材料拌勻即完成。

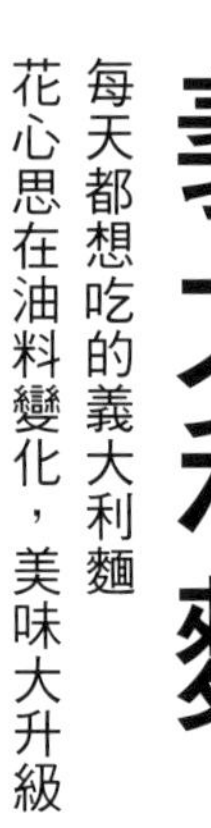

義大利麵

每天都想吃的義大利麵
花心思在油料變化，美味大升級

基本作法
作法（2 人份）
義大利麵…160g
熱開水…2000cc
鹽…1 又 1/4 大匙（熱開水量的 1%）
〈義大利麵醬〉
材料

①在沸騰的開水裡撒鹽，加入義大利麵煮，等水有點微微沸騰時，依包裝袋上的指示時間繼續煮。
②在平底鍋加熱**〈義大利麵醬〉**，加入煮好的義大利麵拌勻，盛盤。

〈義大利麵醬〉

香蒜辣椒義大利麵

材料
大蒜（切薄片）…2 瓣
乾紅辣椒（切末）…2 條
橄欖油…3 大匙
作法
平底鍋放橄欖油和大蒜，開小火炒到聞到香味，再加入乾紅辣椒。在基本作法②中，和煮好的義大利麵拌勻即可。

奶油培根起司義大利麵

材料
A [鮮奶油…4 大匙
蛋黃…1 個
起司粉…3 大匙
粗粒黑胡椒粉…少量]
培根肉…4 片
橄欖油…1 大匙
作法
A 混合均勻，平底鍋放橄欖油和培根肉，炒到肉酥脆。在基本作法②和煮好的義大利麵拌勻，熄火，均勻淋上 A。

酪梨奶香義大利麵

材料
牛奶…4 大匙
橄欖油…3 大匙
鹽…1/3 小匙
胡椒粉…少量
起司粉…1 大匙
酪梨…1 個

作法
酪梨縱切成一半，取出籽、去皮，略微壓碎。材料混合均勻，在基本作法②中，和煮好的義大利麵拌勻。

牛肝蕈奶油義大利麵

材料
紅酒…2 大匙
鮮奶油…4 大匙
蒜末…1/3 瓣
奶油…1 小匙
橄欖油…1 大匙
小牛高湯…1/4 杯
雞湯…2 大匙
牛肝蕈 (乾燥)…5g
杏鮑菇…2 條
洋蔥末…1 大匙
鹽、胡椒粉…各適量

作法
牛肝蕈泡 1/4 杯的水還原、大略切碎（還原汁留著備用），杏鮑菇切薄片。平底鍋放橄欖油、奶油、大蒜，開小火煎到聞到香味，加入洋蔥炒到洋蔥的水分收乾，放入牛肝蕈和杏鮑菇拌炒，加紅酒煮到酒精揮發，再加入小牛高湯、雞湯、牛肝蕈的還原水 1/5 杯，慢慢燉煮。加鮮奶油、鹽、胡椒粉調味，在基本作法②中，和煮好的義大利麵拌勻。

橄欖油

橄欖的果實經壓榨而製成的橄欖油，主要生產於地中海地區，是義大利麵、義式醃漬等地中海料理不可或缺的油品。保健效果受到矚目，在日本已經是很普及的調味料，和日本料理也很搭。橄欖油的分類有國際基準，依風味和酸度分級。以低溫壓榨的果汁則是被稱為 virgin oil，通過各種檢驗的最高等級的油品，就稱為 extra virgin oil(EXV)。

Extra virgin

在 virgin oil 當中最頂級的油品，擁有豐富的橄欖油特有的風味和香氣，經常用在調味醬料和醃漬，使用時多不加熱。

Pure

即在精製橄欖油中加入 virgin oil 的調和油，主要用在加熱，可感受到穩定的橄欖香味。

Non-filter

是未經過濾的 extra virgin oil，含有果實沉澱，帶有微微的苦味和果香味。當調味醬使用，口感肯定更加分。

番茄義大利麵

材料
水煮番茄（罐裝）…1 瓶
蒜末…1 瓣
洋蔥末…1/4 個
橄欖油…3 大匙
鹽…1/2 小匙
水…1/2 杯

作法
將番茄倒入大碗裡，用手捏碎備用。鍋子放橄欖油，加入大蒜，以較弱的中火炒，加入洋蔥拌炒，再放進捏碎的番茄和等量的水，邊攪拌邊轉中火煮 15 分鐘。若途中煮到水略乾，則再加入適量的水。待湯汁轉成橘紅色時，加鹽調味，在 P98 的基本作法②中和煮好的義大利麵拌勻。

義大利肉醬麵

材料
牛絞肉…300g
洋蔥末…小型 1 個
青椒碎丁…2 個
紅蘿蔔…1/2 條
水煮番茄（罐裝）…1/2 瓶 (200g)
番茄汁…1/2 杯
高湯塊…1.5 個、月桂葉…1 片
辣醬油、番茄醬…各 1.5 大匙
鹽、胡椒粉…各少量

作法
將絞肉、洋蔥、青椒、紅蘿蔔放入鍋裡拌炒，再加入剩下的材料繼續炒。在 P98 的基本作法②和煮好的義大利麵拌勻。

梅肉紫蘇義大利麵

材料
醬油…1 大匙、梅肉醬…2 大匙
昆布絲…2 大匙、高湯…3 大匙
青紫蘇（切細絲）…4 片、魩仔魚…6 大匙
白芝麻…適量

作法
所有材料拌勻，在 P98 的基本作法②中和煮好的義大利麵拌勻。

鮪魚味噌義大利麵

材料
味噌…2～3 小匙、罐頭鮪魚…40g
美乃滋…3 大匙、橄欖油…2 大匙
胡椒粉…少量
七味唐辛子…適量

作法
所有材料拌勻，在 P98 的基本作法②中和煮好的義大利麵拌勻。

鱈魚子義大利麵

材料
鱈魚子…1 條、奶油…3 大匙
白芝麻…適量

作法
鱈魚子用湯匙等刮下，和奶油、白芝麻拌勻，在 P98 的基本作法②中和煮好的義大利麵拌勻。

日式炒麵

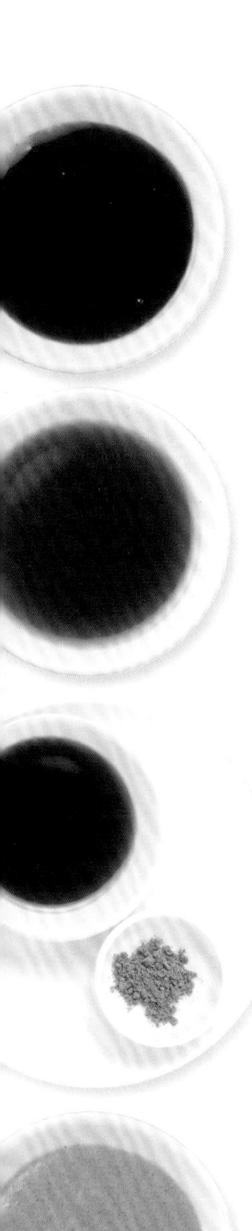

〈混搭醬料〉

基本的日式炒麵

材料
混搭醬料 [中濃醬…3 大匙
蠔油…2.5 小匙
鹽、胡椒粉…少量]
作法
所有材料拌勻，在基本作法③中淋在麵上拌炒。

鹹味炒麵

材料
混搭醬料 [酒…1 大匙
醬油…1/2 大匙、鹽…1/4 小匙
雞高湯粉…1/2 大匙]
胡椒粉…少量
作法
所有材料拌勻，在基本作法③中淋在麵上拌炒。

咖哩風味炒麵

材料
混搭醬料 [咖哩粉…1/2 小匙
砂糖…1 小撮、醬油…1 大匙
鹽…1/4 小匙、胡椒粉…少量]
作法
所有材料拌勻，在基本作法③中淋在麵上拌炒即可。

新加坡風味炒麵

材料
混搭醬料 [砂糖…1.5 小匙
椰奶…1/2 杯
魚露、蠔油、咖哩粉…各 2 小匙～1 大匙]
作法
所有材料拌勻，在基本作法③中淋在麵上拌炒即可。

拿坡里風味炒麵

材料
混搭醬料 [醬油…1 小匙
番茄醬…4 大匙
鹽、粗粒黑胡椒粉…各少量]
作法
所有材料拌勻，在基本作法③中淋在麵上拌炒即可。

基本作法
材料（2 人份）
豬五花薄片…150g
高麗菜…2～3 大片
青椒…1 個
油麵…2 球
沙拉油…1 大匙
〈混搭醬料〉
作法
①材料洗淨。豬五花薄片、高麗菜、去蒂的青椒切成適口大小，油麵袋口剪開、送進微波爐 (500W) 加熱 2 分鐘。
②平底鍋放沙拉油加熱，炒豬肉，加入蔬菜拌炒，一邊鬆開油麵，並且一邊放入鍋中拌勻。
③加入〈混搭醬料〉，整體拌勻即可。

依料理選擇醬料

以番茄和洋蔥等蔬菜、蘋果和柑橘燉煮後，加砂糖、鹽、辛香料等熟成的醬料，也有分很多種。在關東地方以中濃醬為主流，在關西地方則是以辣醬油（伍斯特醬）受到壓倒性的歡迎。在日本也有很多種類，有大阪燒專用醬料和豬排醬等，依料理性質有相對應的各種醬料。除了直接入菜之外，由於含有豐富的蔬菜和辛香料，因此也是用來提味的優質調味料。

拉麵

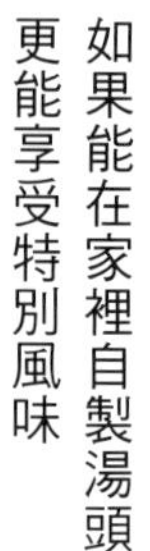

基本作法
材料（2 人份）
中式拉麵…2 球
〈湯汁〉
喜好的配菜
作法
用熱開水煮熟麵，起鍋放進裝著熱騰騰〈湯汁〉的大碗裡，鋪上喜好的配菜。

萬能的中式調味料「味霸」

成分有雞骨、豬骨、蔬菜精華、辛香料、鹽等調味料，製成糊狀，便於使用，除了中式料理之外，也能廣泛應用在和食和西餐。只要用熱開水溶解，就能做出道地的中式湯品。

〈湯汁〉

醬油拉麵湯

材料
醬油…2.5 大匙
雞湯…4 杯
蠔油…1/2 小匙
醬油…適量
蔥花…1/2 根
作法
材料放進鍋裡煮開即可。

味噌拉麵湯

材料
酒、砂糖…各 1 大匙
甜麵醬、醬油…各 2 大匙
芝麻醬…1/2 大匙
雞湯…4 杯
大蒜、薑…各 1/2 片
蔥（綠的部分）…1/2 根
沙拉油…4 大匙
作法
大蒜、薑、蔥拍扁，加沙拉油炒香後取出，把剩下的材料放進同一個鍋子煮滾。

鹽味拉麵湯

材料
酒…1 大匙
雞湯…4 杯
鹽…1/2 大匙
作法
所有材料放進鍋裡煮滾即可。

冷麵

基本作法
材料（2 人份）

小黃瓜…1/2 條
水煮蛋…1 個
冷麵…2 球
水泡菜…適量
紅辣椒絲…適量
〈冷麵的湯汁〉

作法

①小黃瓜洗淨切細絲，用切蛋器把蛋切成 0.5 公分的薄片。

②依包裝標示煮冷麵，起鍋在冷水裡搓洗，洗掉黏滑的感覺，瀝乾水分。

③裝碗，鋪上小黃瓜、水煮蛋、適量水泡菜，注入**〈冷麵的湯汁〉**，以適量的紅辣椒絲飾頂。視個人喜好，加醋、芥末粉。

〈湯汁〉

基本的冷麵

材料

A [大蒜…1/2 瓣
薑薄片…1 片
昆布 (10 平方公分)…1 片
雞湯粉…1/2 小匙
鹽…2 小匙、水…4 杯]

水泡菜的湯汁…1/2 杯

作法

鍋裡放 A 和牛脛肉塊 200g，開大火煮到滾，撈掉浮沫轉小火燜煮 1 小時。待肉質變軟後熄火，直接放著冷卻。冷卻後取出肉塊、過濾湯汁，和水泡菜的湯汁混合，加適量的鹽調味。在基本作法③注入碗裡即可。

※ 剩下的牛肉，沾著芥末醬也很好吃。

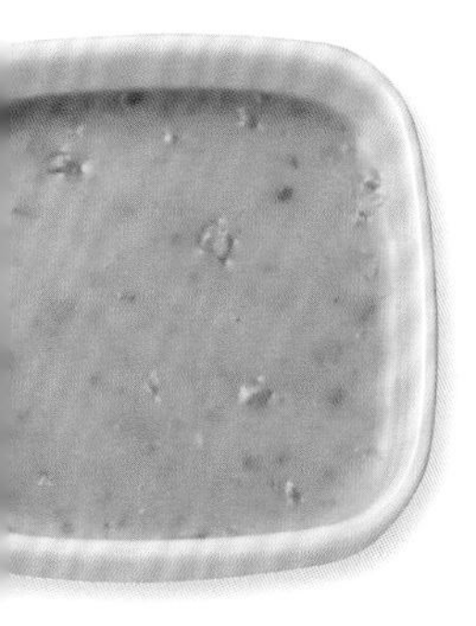

花生醬冷麵

材料

花生碎粒…2 大匙
美乃滋、番茄醬、辣醬、魚醬…各 1 大匙
蒜泥…1/2 小匙
雞湯…3 大匙

作法

所有材料拌勻，在基本作法③中注入碗裡。

中式涼麵

基本作法
材料（2 人份）

小黃瓜…2/3 條
火腿…50g
蛋…1 個
沙拉油…適量
生麵條…2 球
芝麻油…少量
〈混搭醬料〉

作法

①小黃瓜洗淨，與火腿切細絲備用。蛋打進碗裡打散，平底鍋放沙拉油熱鍋，放入蛋液，兩面煎熟後切細絲。

②一面鬆開生麵條、一面放進滾水中煮，依包裝標示時間烹煮。起鍋沖冷水冷卻，瀝乾水分，淋芝麻油拌勻，盛盤。鋪上①的配菜，淋**〈混搭醬料〉**，可依喜好撒海苔碎片。

〈混搭醬料〉

醬油醋醬

材料

醬油…2 大匙
高湯…1/2 杯
砂糖…1 大匙
醋…1 ～ 2 大匙
芝麻油…1/2 大匙

作法

所有材料拌勻即可。

芝麻醬

材料

醬油、醋…各 1.5 大匙
白芝麻醬…2 大匙
砂糖…1/2 大匙
香油…1/2 大匙

作法

所有材料拌勻即可。

河粉

藉著蔬菜與肉
慢慢地帶出美味
香料襲人的道地湯汁

基本作法

材料（4 人份）
河粉…200g
牛肉薄片…200g
細蔥…適量
粗鹽…適量
〈湯汁〉

作法
①鍋子裡加入適量的〈湯汁〉加熱。
②河粉依包裝指示時間煮，起鍋盛碗。
③鋪上適量的煮熟的牛肉、細蔥花、粗鹽，淋上熱騰騰①。視個人喜好撒上甜羅勒、香菜等香料蔬菜。

〈湯汁〉

牛肉河粉湯

材料
牛脛肉…400g、水…3000cc
洋蔥…1 個、薑…1 片
大蒜…2 瓣、蘿蔔…1/6 條
A [八角、肉桂、茴香、香菜…各少量]

作法
A 倒入平底鍋，開小火乾炒。牛肉汆燙過後沖水洗去血水和多餘油脂，將材料放進較大的鍋裡煮，一面撈掉浮沫、一面煮到剩一半湯汁即完成。

簡易蔬菜河粉湯

材料
洋蔥…1/4 個、薑…1/3 片
大蒜…2 瓣、蔥…1/2 根
水…6 杯、八角…2 個
肉桂條…1 根
高湯塊…1 個
醬油、魚露…各 1 小匙
鹽…1/2 小匙、胡椒粉…少量

作法
洋蔥和薑切薄片，大蒜剝皮後用刀背拍碎，蔥切成 5 公分長段。所有材料放進鍋裡，開大火煮到沸騰後，轉較弱的中火煮 30 分鐘，過濾湯汁。

越南香草

越南菜的特色就是不管配菜、辛香料還是主菜，都會大量使用香草入菜。隨著異國風料理越來越受歡迎，經常看得到蒔蘿等香草。

香菜

以獨特的清爽香味為特徵，在亞洲、南美、中東等地，是很普遍的香料蔬菜。廣泛應用在炒菜、沙拉、醬料等。

蒔蘿

也被稱為魚的香草，和清淡的魚貝類、蛋很搭，在越南菜裡也經常是魚料理的配菜，也適合用在炒菜。

九層塔

香氣比甜羅勒更穩定，莖為紫色。

越南香菜

蓼科植物，葉和莖具有微微的辣味和苦味，香味介於魚腥草和香菜之間，常用於拌菜和香料調味。

鍋物

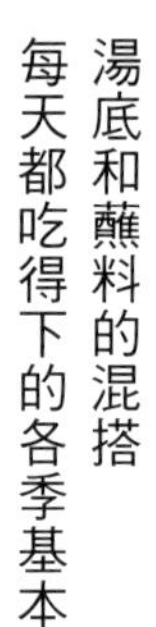

火鍋

湯底和蘸料的混搭
每天都吃得下的各季基本款

基本作法

材料（4 人份）
喜好的配菜
〈火鍋的湯底〉
〈火鍋的蘸料〉

作法

①準備雞肉、大白菜等喜好的配菜，洗淨後切成適口大小備用。

②把配菜和〈火鍋的湯底〉放進鍋裡，煮熟後沾著〈火鍋的蘸料〉享用。

柚香胡椒粉

聞名全日本，原本是九州地方的家庭為保存柚子而做成的調味料。柚香胡椒粉的「胡椒粉」其實是指綠辣椒，清爽的香味和微微的辛辣感是其特徵。除了用作火鍋麵類的提味，也可廣泛應用在義大利麵醬和嫩煎肉排等料理。

〈火鍋的湯底〉

番茄湯底

適用於：魚貝類、維也納香腸等

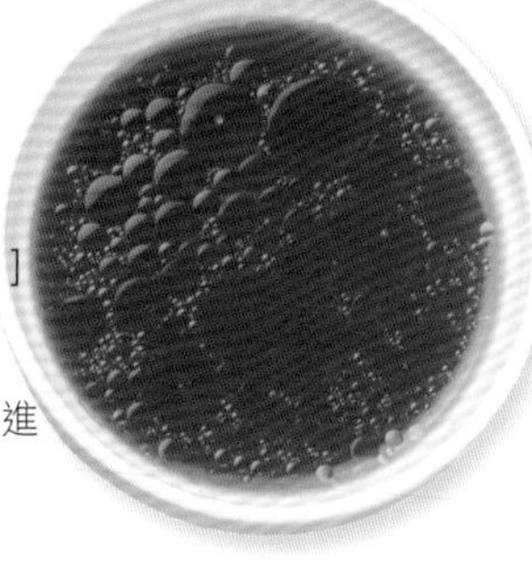

材料
A [番茄汁 (含鹽)…2.5 ～ 3 杯
番茄醬…1 大匙
西式高湯粉…1/2 大匙
大蒜…2 瓣、鹽…1/2 大匙、水…3 杯]
橄欖油…1 大匙

作法
大蒜對半縱切，用菜刀背拍碎，把 A 放進鍋裡拌勻，煮滾後加入橄欖油即可。

醬油湯底

適用於：雞肉、大白菜等

材料
高湯…5 杯
醬油…1/4 杯
味醂、酒…各 1/3 杯
砂糖…1 大匙、鹽…1 小匙

作法
所有材料放進鍋裡煮滾，再放入喜好的配菜煮熟即可。

白湯底

適用於：牡蠣、菇類等

材料
A [洋蔥切薄片…1/2 個
西式高湯粉…1/2 大匙、鹽…1 小匙
胡椒粉…少量、水…3 杯]
牛奶…2.5 杯
B [奶油、麵粉…各 4 大匙]

作法
把 A 放進鍋裡拌勻，開大火煮滾後，轉小火煮約 5 分鐘，加入牛奶煮到快要沸騰。將湯汁慢慢加入拌勻的 B 使勻開，然後整個加入鍋裡，煮 2 ～ 3 分鐘。

芝麻味噌湯底

適用於：豬五花肉、高麗菜等材料

材料
A [蒜泥、薑泥…各 1 小匙
醬油…1/2 大匙、酒…1/4 杯
雞高湯粉…2 小匙
水…6 杯]
味噌…5 大匙
白芝麻粉…4 大匙

作法
把 A 放進鍋裡拌勻，開大火煮滾後，味噌加水勻開加入，最後加入芝麻粉。

花椒嫩芽醬

材料
西京味噌、高湯…各 3 大匙
砂糖…1 大匙
醬油…1/2 大匙
醋…2 小匙、花椒嫩芽…1 小撮
作法
所有材料拌勻即可。

〈火鍋的蘸料〉

甘味噌醬

材料
甜麵醬…3 大匙
酒、胡椒粉…各 1.5 大匙
雞高湯粉…2 大匙
作法
所有材料放進鍋裡拌勻，開火煮到滾即可。

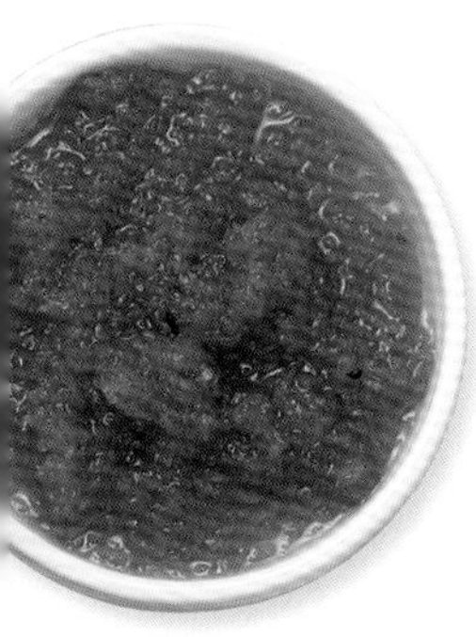

蘿蔔泥
柑橘醋醬

材料
蘿蔔泥…1 杯
柑橘醋…3 大匙
薄口醬油…2 大匙
單一口味辣椒粉…少量
作法
所有材料拌勻即可。

香味芝麻醬

材料
白芝麻粉…2 ～ 3 大匙
蒜泥…1/2 小匙
薑末…1 瓣
胡椒粉…1/2 小匙
鹽麴…2 小匙
作法
所有材料拌勻即可。

涮涮鍋

蘸料的千變萬化
更加襯托肉質的美味

涮涮鍋

涮涮鍋使用的像甜甜圈長相的鍋具，據說是從中國傳到日本。由於表面積比普通鍋大，因此具有防止溫度降低的效果，是涮涮鍋最適用的鍋具。

基本作法

材料（容易製作的分量）
牛肉薄片…600 ～ 800g
喜好的蔬菜
〈涮涮鍋的蘸料〉
作法
①牛肉從包裝袋取出，以方便一片一片挾取的方式擺盤，蔬菜切成適口大小。
②鍋裡放高湯煮滾後，用筷子挾牛肉進鍋裡快速涮一下再起鍋，沾著〈**涮涮鍋的蘸料**〉享用。

鹽味醬

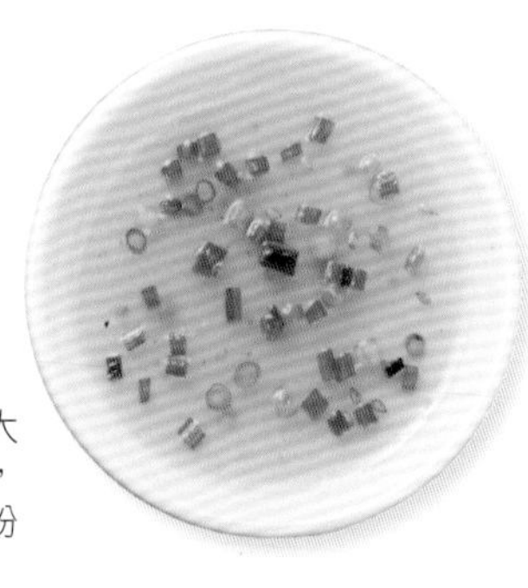

材料
高湯…1/2 杯
蒜泥…1/2 小匙
白芝麻粉…1 小匙
芝麻油…1/2 大匙
鹽…1/4 小匙
細蔥末…1 ～ 2 根
日本太白粉、水…各 1 大匙
作法
芝麻油放鍋裡，開中火加熱，放入大蒜、細蔥爆香後，加入高湯煮到滾，再加入鹽、芝麻粉拌勻。加入太白粉水勾芡後熄火。

檸檬山藥泥醬

材料
山藥…120g、洋蔥…1/8 個
檸檬汁…1.5 大匙
醬油…1 大匙
高湯…1/4 杯
作法
山藥和洋蔥磨成泥狀，所有材料拌勻即可。

〈蘸料〉

柑橘醋醬油

材料
柚子（或柑橘類榨汁）…2 大匙
薄口醬油…1/4 杯
砂糖…1/2 小匙、酒…1 大匙
味醂…1.5 大匙
作法
酒和味醂放進耐熱容器，直接送進微波爐 (500W) 加熱 1 分 30 秒，取出冷卻後，加入剩下的材料拌勻即可。

梅肉醬油

材料
梅肉…5 大匙、醬油…1 杯
味醂、酒…各 1/3 杯
砂糖…1 大匙
作法
所有材料放進鍋裡拌勻，開較強的中火煮滾後，熄火、使慢慢降溫到不燙手的程度即可。

芝麻醬

材料
芝麻醬…2 大匙
砂糖…1/2 小匙
醬油、煮掉酒精成分的味醂、高湯…各 1.5 大匙
作法
所有材料拌勻。

關東煮

寒冬裡最適用於
來一碗熱騰騰的關東煮
除了基本款
也有西式和咖哩風味

〈關東煮湯汁〉

重口味湯汁

材料
高湯…5.5 杯
酒…2 大匙、砂糖、味醂…各 1 又 1/3 大匙
醬油…4 大匙
作法
所有材料放進鍋裡煮到滾，從不易煮爛的配菜，依序放入鍋裡即可。

清淡湯汁

材料
高湯…8 杯
薄口醬油…4 大匙
味醂…2 大匙
作法
所有材料放進鍋裡煮到滾，從不易煮爛的配菜，依序放入鍋裡即可。

西式關東煮

材料
雞高湯…5 杯
白酒…4 大匙
鹽…1 小匙、胡椒粉…少量
作法
所有材料放進鍋裡煮到滾，從不易煮爛的配菜，依序放入鍋裡。

味噌咖哩關東煮

材料
咖哩塊…20g
A [赤味噌…50g
雞湯粉…2 小匙
砂糖…2 大匙
水…4.5 杯]
作法
把 A 放進鍋裡煮到滾，先熄火放咖哩塊溶解，再從不易煮爛的配菜，依序放入鍋裡。

基本作法

材料（4 人份）
蘿蔔…1/2 條
蒟蒻…1 片
竹輪捲…2 條
魚板…2 片
油豆腐…1 塊
牛蒡捲…8 條
水煮蛋…4 個
〈關東煮湯汁〉
昆布結…8 個

作法
①蘿蔔削皮、切成 2 公分寬再對切成半月形，用淘米水煮 10 ～ 15 分鐘。蒟蒻斜切成 4 等分，放進煮蘿蔔的湯裡汆燙。竹輪捲斜切成兩半，魚板對角切成 4 等分。油豆腐斜切成 4 等分，和牛蒡捲一起放進熱開水裡汆燙，水煮蛋剝殼備用。
②鍋裡放〈**關東煮湯汁**〉加熱，放入蘿蔔、蒟蒻、昆布結、水煮蛋煮到滾轉小火，蓋上鍋蓋燜煮 20 分鐘。
③加入竹輪捲、油豆腐、牛蒡捲以及其他喜好的配菜，再煮 15 分鐘。

壽喜燒

用甜辣醬油入味的牛肉
絕對是最頂級的美味

基本作法

材料（4 人份）

牛里脊肉…600g
蔥…2 根
雪麵…200g
烤豆腐…1 塊
茼蒿…1 束
牛脂…適量
〈壽喜燒的佐料汁〉

作法

①牛里脊肉切成 2 ～ 3 等分，蔥洗淨斜切成 1 公分寬長段，雪麵汆燙後切成適口長度。烤豆腐切成 10 等分，茼蒿切成 5 公分長度。

②壽喜燒專用鍋熱鍋後，均勻抹上牛脂，放蔥和牛肉下鍋煎到肉兩面上焦色，均勻淋上**〈壽喜燒的佐料汁〉**。

③鍋子轉小火，加入其他洗淨的配菜，煮到所有食材都上色即可。

砂糖

關西風味的壽喜燒用的牛肉，是撒上砂糖煎烤的。如此，在煎肉時會更美味、軟嫩。先放砂糖會讓肉纖維撐大，使佐料汁更容易入味。若在砂糖的種類上作變化，則能享受到更多不同的風味。最普遍的上白糖，由於顆粒小、含有糖漿，適用於增加甜味時使用。紅糖具有香味和濃醇甜味，能讓食物燒出美麗的色澤是其特徵。若使用黑糖，則能享受到獨特的自然風味和自然的甜味口感。

〈壽喜燒的佐料汁〉

佐料汁（關東）

材料

A [酒、味醂、醬油…各 1/2 杯
砂糖…1/3 杯]
高湯 (昆布)…適量

作法

A 煮到湯汁收乾一半，加入高湯。

佐料汁（關西）

材料

紅糖…6 大匙、酒…2 大匙
醬油…5 大匙、高湯 (昆布)…適量

作法

在煎肉時撒上粗粒砂糖和酒，待微微上焦糖色時，加入醬油、高湯、其他的配菜一起煮。

紅酒壽喜燒

材料

紅酒、醬油、味醂…各 1/4 杯
砂糖…1 大匙、粗粒黑胡椒粉…適量

作法

所有材料放進小鍋煮滾，淋在煎肉的壽喜燒鍋裡，當作佐料汁即可。

韓式壽喜燒

材料

醬油…4 大匙
蒜泥…1 瓣
酒…2 大匙、砂糖…1.5 大匙
芝麻油…2 大匙
白熟芝麻、紅辣椒粉…各 1/2 大匙

作法

所有材料拌勻，淋在煎肉的壽喜燒鍋裡，當作佐料汁即可。

沙拉、副菜

沙拉醬

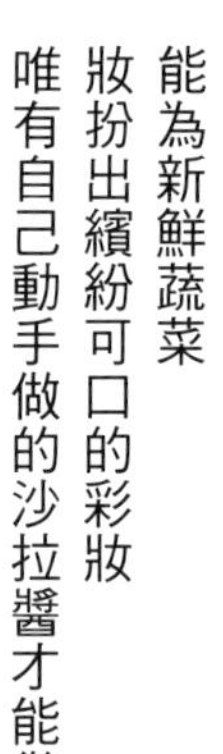

能為新鮮蔬菜
妝扮出繽紛可口的彩妝
唯有自己動手做的沙拉醬才能做到

製作美味沙拉的訣竅

①葉菜類在清洗前用手撕取代刀切，盡量順著纖維撕成一口大小。（用刀切的切口容易變色）
②清洗時，大碗裡要放足夠的水量。
③確實瀝乾水分，放進冰箱冷藏約30分鐘。
④在裝好材料的碗裡淋上沙拉醬，輕輕拌勻。

香菜醬

適用於：拌入燙熟的章魚中

材料（容易製作的分量）
香菜末…2 棵
蒜末…1/2 瓣
初榨橄欖油…2 大匙
美乃滋、檸檬汁…各 1 大匙
鹽…1/2 小匙、砂糖…少量
作法
所有材料放進碗裡拌勻即可。

咖哩醬

適用於：紅蘿蔔薄片等蔬菜

材料（容易製作的分量）
醋、初榨橄欖油…各 2 大匙
砂糖…1/2 大匙、咖哩粉…1/2 小匙
胡椒粉…少量
作法
所有材料放進碗裡拌勻即可。

洋蔥醬

適用於：搭配雞柳條和酪梨等

材料（容易製作的分量）
洋蔥末…1/4 個
米醋、沙拉油…各 1 大匙
鹽…1/4 小匙、砂糖…1/2 小匙
作法
洋蔥放進大碗裡，靜置 15 分鐘以上，加入其他材料拌勻後，放置一晚讓其入味。

鯷魚醬

適用於：搭配捲葉萵苣、綜合生菜葉、菊苣等

材料（容易製作的分量）
鯷魚片…2 ～ 3 片
初榨橄欖油…2 大匙
白酒醋…2 小匙
鹽、胡椒粉…各少量
作法
所有材料放進碗裡，鯷魚用湯匙壓碎後拌勻即可。

凱薩醬

適用於：生火腿和葉菜類等

材料（容易製作的分量）
A [白酒醋、芥末醬…各 1/2 大匙]
B [沙拉油…2 大匙
美乃滋…1 大匙
鮮奶油…1/4 杯、鹽…少量]
C [鯷魚（切碎末）…4 片
蒜末…1/4 瓣
辣醬油、砂糖、胡椒粉…各少量]
作法
A 放進碗裡拌勻，一點一點地加入 B 繼續攪拌，最後加入 C 拌勻，如果鹹味不夠可再加一點鹽。

莎莎醬

適用於：花枝和葉菜類

材料（容易製作的分量）
番茄…中型 1 個
洋蔥末…1/4 個
青椒末…1/2 個
初榨橄欖油…2 大匙
檸檬汁…1 大匙
鹽…1/2 小匙、胡椒…少量
作法
番茄洗淨切成小於 1 公分的小丁狀，洋蔥加鹽（分量外）殺青、瀝掉水分，所有材料放進碗裡拌勻。

法式醬

適用於：烤茄子或鮪魚、洋蔥和番茄等

材料（容易製作的分量）
白酒醋…1 大匙
鹽…1/4 小匙、初榨橄欖油…2 大匙
胡椒粉…少量
作法
依序將材料放進碗裡，每次加入時仔細拌勻即完成。

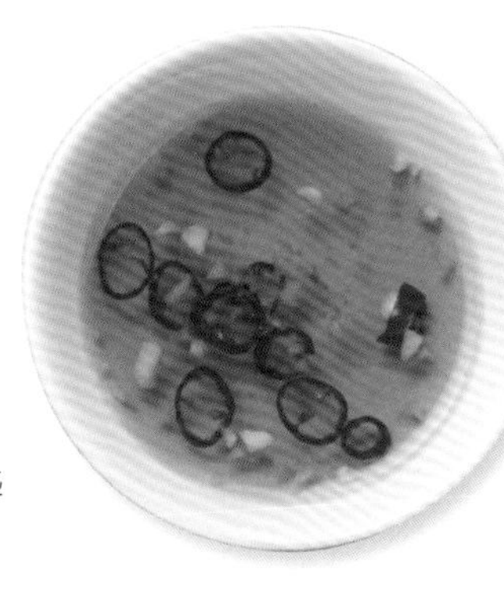

異國風味醬

適用於：蝦和新鮮香菜等

材料（容易製作的分量）
魚露（或魚醬）…2.5 大匙
醋…1 大匙、檸檬汁…1 小匙
砂糖…1.5 大匙
乾紅辣椒…1/2 條
蒜末…1 瓣
作法
乾紅辣椒泡水軟化後，連籽一起輪切（若不敢吃辣，可去籽），所有材料拌勻即可。

奶油花生醬

適用於：豆腐和海鮮等

材料（容易製作的分量）
A[美乃滋…1/2 杯、醋…2 小匙
水…1 大匙、鹽…少量
砂糖…2 小匙]
B[水…1 大匙、醬油…1 小匙
杏仁碎片、花生碎片…各 1 大匙
花生醬…2 大匙]
作法
依序將 A 材料拌勻，做成乳狀基底，再加入 B 材料拌勻即完成。

中式沙拉醬

適用於：番茄和小黃瓜、葉菜類等

材料（容易製作的分量）
沙拉油、芝麻油…各 2 大匙
醋…3.5 大匙、醬油…1/2 大匙
砂糖、辣油…各 1/4 大匙、鹽…1/2 小匙
蔥末…1/4 根
薑泥、蒜泥…各 1/2 片
作法
所有材料拌勻即完成。

製作完美沙拉醬的訣竅

想要製作出完美的沙拉醬，訣竅在於攪拌的順序。首先，先把鹽、調味料和醋等水分溶解，油放在最後，而且是一點一點慢慢加。在每一次添加油時，用打蛋器不時攪拌，等混合液的顏色變白就大功告成。

沙拉沾醬、醬料

〈醬料〉

味噌美乃滋醬

適用於：溫野菜和煎魚等

材料（容易製作的分量）
味噌…2 大匙
蒜泥…1/2 大匙
柑橘醋、美乃滋…各 1 大匙
作法
所有材料放進碗裡拌勻。

義式鯷魚熱沾醬

適用於：蔬菜棒等

材料（容易製作的分量）
鯷魚片…5 ～ 6 片
初榨橄欖油…2 大匙
鮮奶油…1 杯
玉米澱粉、水…各 1 小匙
鹽、胡椒粉…各少量
作法
鍋子開中火、放橄欖油加熱，加入拍碎的鯷魚碎末輕輕拌炒，加入鮮奶油。玉米澱粉加水勻開後加入勾芡，最後加鹽、胡椒粉調味。

蒜香蛋黃醬

適用於：煮熟的紅蘿蔔和馬鈴薯等

材料（容易製作的分量）
蛋黃…1 個
蒜泥…1 瓣
初榨橄欖油…3/4 杯
檸檬汁…1 大匙
鹽…1/2 小匙、胡椒粉…少量
作法
將橄欖油以外的材料放進碗裡拌成乳狀，用打蛋器一面攪拌、一面慢慢加入橄欖油拌勻。

溫野菜的和風芝麻醬

適用於：溫野菜和蒸雞肉等

材料（容易製作的分量）
白味噌、酒、白芝麻粉…各 1 大匙
高湯…1/2 大匙
作法
酒先加熱蒸發酒精，和其他材料拌勻。

〈沾醬〉

奶油起司醬

適用於：司康、麵包、甜點等

材料（容易製作的分量）
奶油起司…50g
蒜泥…1/2 瓣
荷蘭芹切碎末…2 小匙
鹽、胡椒粉…各少量
橄欖油…1/2 小匙
作法
奶油起司置於室溫下軟化，把所有材料放進碗裡拌勻即可。

味噌起司醬

適用於：高麗菜和小黃瓜、根莖類等

材料（容易製作的分量）
奶油起司…50g、味噌…1/2 大匙
醬油、鹽、胡椒粉…各少量
作法
奶油起司放置室溫下軟化，把所有材料放進碗裡拌勻即可。

檸檬鮪魚美乃滋醬

適用於：煎蕪菁等

材料（容易製作的分量）
鮪魚罐頭…1 小瓶、美乃滋…4 大匙
檸檬汁…1 小匙、鹽、胡椒粉…各少量
作法
鮪魚瀝掉水分、倒進碗裡，先加美乃滋拌勻，再加入剩下的材料拌勻。

馬鈴薯沙拉

最受歡迎的基本款！
只要再加點變化
美味瞬間升級

基本作法

材料（2 人份）
馬鈴薯…大型 2 個
A［醋…1/2 小匙、胡椒粉…少量］
小黃瓜…1 條
洋蔥…1/4 個
鹽…1/2 小匙
紅蘿蔔…1/3 條
〈馬鈴薯沙拉的調味料〉

作法
①材料洗淨。馬鈴薯分別用保鮮膜包裹，送進微波爐（500W）加熱 7 ～ 8 分鐘，取出趁熱剝皮，壓碎後加入 A 拌勻。
②小黃瓜切丁、洋蔥切薄片，放進碗裡加鹽殺青、用手榨出水分，紅蘿蔔縱切 4 等分後切薄片、燙熟。
③將①放進②，加入**〈馬鈴薯沙拉的調味料〉**快速拌一下。

〈調味料〉

基本的馬鈴薯沙拉

材料
砂糖、醋、沙拉油…各 1 小匙
鹽、胡椒粉…各少量
美乃滋…3 大匙
作法
所有材料拌勻，在基本作法③中加入即可。

咖哩風味馬鈴薯沙拉

材料
咖哩粉…1 小匙、牛奶…1 大匙
美乃滋…2 大匙
砂糖…1 小匙、鹽…適量
作法
所有材料拌勻，在基本作法③中加入即可。

醃牛肉馬鈴薯沙拉

材料
醃牛肉罐頭…1/2 瓶 (50g)
荷蘭芹末…1 大匙
美乃滋…2 大匙、鹽…1/4 小匙
胡椒粉…少量
作法
所有材料拌勻，在基本作法③加入即可。

依喜歡的口感選用不同品種馬鈴薯

馬鈴薯沙拉用的馬鈴薯，一般指男爵品種，但如果想做出更鬆軟的馬鈴薯沙拉，建議使用北國之光品種。煮熟後比男爵鬆軟、舌尖觸感滑順，在日本有些超市會在標籤上貼「馬鈴薯沙拉用」標示。在蒸煮馬鈴薯時，只要連皮用小火慢煮，就能提高鬆軟度。如果偏好黏呼呼的口感，建議選用五月薯（May Queen）或南美種和美國種品種改良的「覺醒」。

拌菜

和食小菜的基本款
利用豐富的變化
讓蔬菜更美味

基本作法
材料（2 人份）
秋葵…10 根
〈拌醬〉
作法
①鍋子加水煮到滾，再放入洗淨的秋葵汆燙，撈出、瀝乾。
②將秋葵對半斜切、放進碗裡，加入〈**拌醬**〉拌勻。

美乃滋白醬拌菜

適用於：魚貝類、葉菜類等

材料
拌醬 [嫩豆腐…1/2 塊
美乃滋…2 大匙
白芝麻粉…1/2 大匙
砂糖…1/2 小匙、鹽…1/2 小匙]
作法
用廚房紙巾包裹豆腐、吸掉多餘水分，所有材料放進碗裡，一邊壓碎豆腐、一邊攪拌均勻，加入配菜拌勻即可。

涼拌

適用於：豆類等

材料
拌醬 [蒜泥…1/4 小匙
鹽…1/4 小匙、芝麻油…1/2 小匙
砂糖…少量]
作法
在放了配菜的碗裡加入拌醬拌勻即可。

醋味涼拌

適用於：根莖類等

材料
拌醬 [檸檬汁…1 大匙
醋…3 大匙
鹽…1/2 小匙、白芝麻粉…適量]
作法
在放了配菜的碗裡加入拌醬拌勻即可。

芥末醬涼拌

適用於：根莖類等

材料
拌醬 [白芝麻粉、顆粒芥末醬、醬油、芝麻油…各 1 小匙]
作法
在放了配菜的碗裡加入拌醬拌勻即可。

〈拌醬〉

基本的芝麻拌菜

適用於：果菜、葉菜類等

材料
拌醬 [白芝麻粉…2 大匙
砂糖、水…各 1 大匙
醬油…1.5 大匙]
作法
將所有材料放進碗裡拌勻，再加入配菜拌勻即可。

芝麻味噌拌菜

適用於：雞肉、葉菜類等

材料
拌醬 [白芝麻粉…2 大匙
味噌…2 小匙、味醂…2 大匙
芝麻油…1 小匙、辣油…少量]
作法
將所有材料放進碗裡拌勻，再加入配菜拌勻即可。

芝麻美乃滋拌菜

適用於：葉菜類等

材料
拌醬 [白芝麻粉…2 大匙
美乃滋…1 大匙、醬油…2 小匙
砂糖…1 小匙]
作法
將所有材料放進碗裡拌勻，再加入配菜拌勻即可。

韓式辣醬拌菜

適用於：魚貝類、豆類等

材料
拌醬 [韓式辣醬…2 小匙
白芝麻粉、醬油、芝麻油…各 1 小匙]
作法
將所有材料放進碗裡拌勻，再加入配菜拌勻即可。

生魚片

在普通的醬油上面
加一點點的變化
味道和親切感都能更上層樓

土佐醬油

材料（容易製作的分量）
醬油…1 杯
高湯…1/2 杯
酒…1.5 大匙
作法
將材料放進小鍋裡煮到滾即可。

薑味醬油

材料（容易製作的分量）
醬油、高湯…各 1/4 杯
薑泥…1～2 片
韭菜末…適量
作法
所有材料拌勻即可。

鹽味柑橘醋

材料（容易製作的分量）
蜂蜜…5 大匙
柚子榨汁…2.5 大匙
檸檬汁…3/4 杯、砂糖…2 小匙
鹽…2 大匙
作法
所有材料拌勻即可。

生魚片醬油

混搭醬油比原味醬油更適用於生魚片，吃起來也更美味。混搭醬油的接受度比較高、鹹度也比較穩定。既可享受到生魚片的美味，也無損於本來的香味。

混搭醬油材料與作法

材料
濃口醬油…2杯
酒、味醂…各1/4杯
柴魚片…10g
作法
①醬油放進鍋裡加熱。
②加入酒、味醂。
③快要沸騰前加入柴魚片，馬上熄火。
④如果湯汁表面有浮沫就小心撈除。
⑤用濾網慢慢過濾，直接放著冷卻備用即可。
（保存方式為裝進玻璃瓶、放進冰箱冷藏，放置時間愈長，風味和色澤就愈差，請及早用完。）

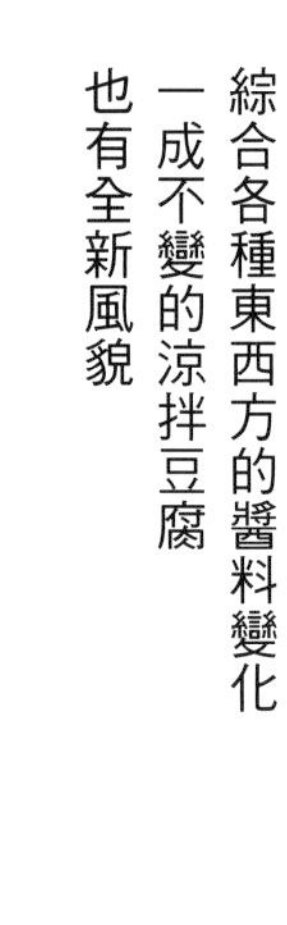

涼拌豆腐

綜合各種東西方的醬料變化
一成不變的涼拌豆腐
也有全新風貌

韓式涼拌豆腐

材料（2 人份）
醬油…1/4 大匙
韓式辣醬…1.5 大匙
白熟芝麻…1 大匙
芝麻油…1/4 大匙
作法
將所有材料放進碗裡拌勻，淋在瀝乾水分的豆腐上即可。

蘿蔔泥涼拌豆腐

材料（2 人份）
蘿蔔泥…1/6 條 (約 100g)
醬油…1.5 大匙
柚香胡椒醬…適量
作法
將蘿蔔泥和醬油放進碗裡拌勻，淋在瀝乾水分的豆腐上，附上柚香胡椒醬裝飾即可。

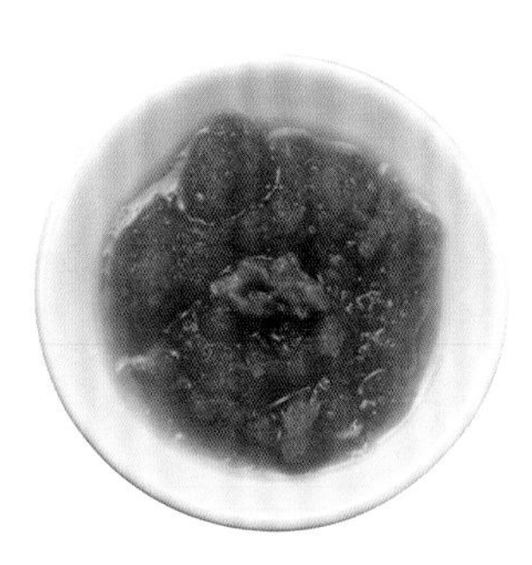

豆豉涼拌豆腐

材料（2 人份）
細蔥絲…5 公分
青蔥末…少量
芝麻油…1 小匙
醬油…1/2 小匙
醋…1 大匙、豆豉…1 小匙
作法
將所有材料放進碗裡拌勻，淋在瀝乾水分的豆腐上即可。

義式涼拌豆腐

材料（2 人份）
醬油…1 大匙、小番茄…4 個
乾燥羅勒…1 小匙
起司粉…2 小匙、橄欖油…2 大匙
作法
小番茄洗淨去蒂、縱切成 4 等分，將所有材料放進碗裡拌勻，把瀝乾水分的豆腐盛盤，淋上醬料即可。

香蔥味噌涼拌豆腐

材料（2 人份）
蔥末……4 公分
味噌…2 大匙、砂糖…1 ～ 1.5 大匙
水…1 大匙
作法
將所有材料放進碗裡拌勻，淋在瀝乾水分的豆腐上即可。

榨菜與香菜的異國風味涼拌豆腐

材料（2 人份）
香菜…2 ～ 3 棵、榨菜（瓶裝）…30g
芝麻油…2 小匙、醬油…0.5 ～ 1 小匙
白熟芝麻…1 小匙
作法
榨菜和洗淨的香菜莖均切成碎末、香菜葉大致切細，將所有材料放進碗裡拌勻，淋在瀝乾水分的豆腐上即可。

鹽味蔥花涼拌豆腐

材料（2 人份）
蔥末…1/3 根
檸檬汁…1/2 大匙、芝麻油…2 小匙
鹽…1/2 小匙、粗粒黑胡椒粉…1/2 小匙
作法
將芝麻油、鹽、粗粒黑胡椒粉放進碗裡拌勻，加入剩下的材料拌勻後，淋在瀝乾水分的豆腐上。

納豆

可以配飯或當下酒菜
只要運用一下巧思
變化就會無限大

柴魚醬油芝麻油

材料（1 人份）
納豆…1 盒、柴魚片…1 小撮
醬油…適量
細蔥末…適量、芝麻油…少量
作法
納豆加所有材料拌勻即可。

納豆和油豆腐的辣醬

材料（1 人份）
納豆…1 盒、油豆腐…1 塊
芝麻油…1 大匙
A［番茄醬…2 大匙
酒、醋…各 1 大匙、砂糖…1 小匙
鹽、胡椒粉…各少量］
作法
油豆腐用熱開水沖掉多餘油分、瀝乾水分後縱切一半，再切成 1～2 公分厚的薄片。平底鍋放芝麻油加熱，放入油豆腐煎，加入A、納豆拌煮一下。

香蔥味噌七味

材料（1 人份）
納豆…1 盒
味噌、醬油、七味唐辛子、蔥花…各適量
作法
納豆加所有材料拌勻即可。

秋葵納豆的綠柑橘醋

材料（1 人份）
納豆…1 盒、秋葵…5 條
綠柑橘醋［柑橘醋…1 大匙
小黃瓜（切碎）…1/2 條
蔥末…1 大匙］
作法
材料洗淨。秋葵先在砧板上搓揉、用熱開水汆燙後瀝乾水分，縱切一半、去籽再切絲。〈綠柑橘醋〉先濾掉小黃瓜的水分，剩下的材料充分拌勻。將納豆和秋葵盛盤，淋上綠柑橘醋。

檸檬＋橄欖油

材料（1 人份）
納豆…1 盒
檸檬（切薄片）…1/8 個
橄欖油…適量
作法
將檸檬片放在納豆上面，均勻淋上橄欖油即可。

燙高麗菜＋芥末美乃滋

材料（1 人份）
納豆…1 盒、高麗菜…30g
美乃滋、芥末醬…各 1 小匙
作法
高麗菜汆燙後切碎片，將納豆、高麗菜、美乃滋、芥末醬拌勻即可。

鮪魚納豆

材料（1 人份）
納豆…1 盒、鮪魚…180g
山藥…100g
高湯、醬油…各 1/2 大匙
芥末醬…1/2 小匙
香蔥末…2 根
蛋黃…1 個
大蔥末、地膚子…各適量
作法
把納豆、鮪魚、山藥攪拌一下，加入高湯、醬油、芥末醬、香蔥末拌勻，做成圓餅狀盛盤，在正中央淋上蛋黃，再撒上大蔥末和地膚子裝飾即可。

一夜泡菜

基本作法

材料（2～3人份）
喜歡的蔬菜…150～250g
〈一夜泡菜的醃泡汁〉

作法

①蔬菜先汆燙殺青、切成適口大小，和〈一夜泡菜的醃泡汁〉一起放進夾鍊袋裡浸漬1小時～1晚。
②醃泡到自己喜好的程度，取出盛盤。

〈醃泡汁〉

韓國風味泡菜

適用於：葉菜類等

材料
白芝麻粉…2小匙、水…4大匙
芝麻油、醬油…各1.5大匙

作法
所有材料拌勻，醃泡喜歡的蔬菜。
盛盤，放顆蛋黃裝飾即可。

芝麻味噌泡菜

適用於：葉菜類等

材料
白熟芝麻、櫻花蝦…各1大匙
麵味露（3倍濃縮）、味醂、味噌…各1.5大匙、水…1/4杯

作法
將白熟芝麻和櫻花蝦放進平底鍋炒香，放進碗裡冷卻到不燙手的程度再磨碎，所有材料拌勻，醃泡喜歡的蔬菜。

柑橘醋美乃滋泡菜

適用於：果菜類等

材料
白芝麻粉…1/2大匙
柑橘醋醬油(市售品)…1.5大匙
美乃滋…1大匙

作法
所有材料拌勻，即可醃漬喜歡的蔬菜。

韓式泡菜

適用於：葉菜類等

材料
鱈魚子…1條、蘋果泥…1個
蒜泥、薑泥…各2瓣
白熟芝麻…1.5大匙、紅辣椒粉…50g
蜂蜜…2.5大匙、鹽…1/2小匙

作法
鱈魚子縱切一刀剖開、用湯匙刮下膜裡的卵，將所有材料拌勻，放入可密封的容器，放進冰箱可冷藏10天、冷凍1個月。用來醃泡喜歡的蔬菜。

薑汁醬油泡菜

適用於：根莖類等

材料
薑末…1/3片
乾紅辣椒切末…1/2根
水…1/3杯、醬油…1/4杯
芝麻油…1/2大匙、砂糖…1/2小匙

作法
所有材料拌勻，即可醃泡喜歡的蔬菜。

精力泡菜

適用於：果菜類等

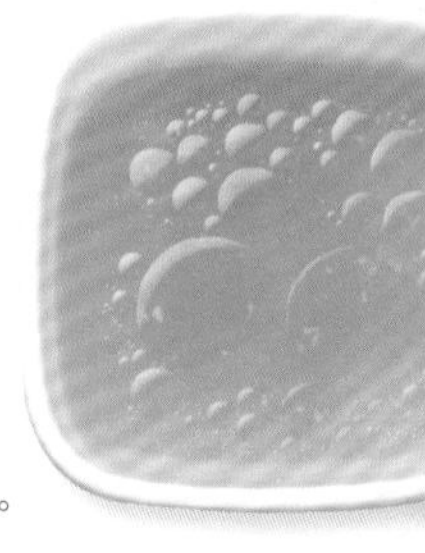

材料
蒜泥…1/2瓣
白熟芝麻、橄欖油…各1小匙
醬油…1.5大匙
味醂…1大匙、水…1/4杯

作法
所有材料拌勻，即可醃泡喜歡的蔬菜。

梅醋泡菜

適用於：花菜類等

材料
梅干…2個
薑泥…1/2小匙
砂糖、醬油、醋、水…各1大匙

作法
所有材料拌勻，醃泡喜歡的蔬菜。盛盤後撒適量柴魚片裝飾即可。

柚香胡椒泡菜

適用於：葉菜類等

材料
柚香胡椒…1小匙、醋…1/2杯
味醂…4大匙
麵味露（3倍濃縮）…2大匙

作法
所有材料拌勻，醃泡喜歡的蔬菜。
盛盤，撒適量七味唐辛子裝飾即可。

燙青菜

〈調味料〉

基本的燙青菜

適用於：果菜類等

材料
高湯…1 杯
薄口醬油、味醂…各 2.5 大匙
鹽…少量

作法
所有材料放進鍋裡煮滾後冷卻，淋在喜歡的蔬菜上拌勻即可。

山葵醋拌燙青菜

適用於：葉菜類等

材料
薄口醬油…1 小匙、醋…2 大匙
味醂、山葵醬…各 2 小匙
鹽…1/2 小匙

作法
所有材料拌勻，淋在喜歡的蔬菜上拌勻即可。

芝麻醋拌燙青菜

適用於：葉菜類等

材料
白芝麻粉…1 大匙
醋、味醂、醬油…各 1 小匙

作法
在碗裡拌勻所有材料，淋在喜歡的蔬菜上即可。

基本作法

材料（2 人份）
菠菜…200g
鹽…2 小匙
〈燙青菜的調味料〉

作法
①菠菜切掉根的前端，用十字切劃開較粗的莖後沖洗乾淨。撒鹽進充足的熱開水裡（平均一公升對 2 小匙為標準），從菠菜的根部放入，待開水再度沸騰煮約 1 分鐘。
②用冷水浸泡菠菜後確實擰乾水分，切成 4 ～ 5 公分長段。用 1/3 的〈燙青菜的調味料〉拌菠菜、盛盤，淋上剩下的〈燙青菜的調味料〉。

醋

除了做菜時增加酸味之外，還有防腐、緩和油膩、襯出醇度與甜味等烹調效果。此外，醋能幫助食材中的鈣質吸收。日本以米、麥、酒粕為原料做成的醋為主流，世界各國也有生產其特有的醋，其中以由葡萄製成的葡萄酒醋和義式陳年葡萄醋、由大麥製成的麥芽醋、由蘋果製成的蘋果醋等比較知名。

米醋

用米做原料，由酒精釀酵製成的醋，具備濃醇滑順的味道，常用在日式菜餚上。

穀物醋

原料含有米、麥、玉米等，味道清爽，可以應用在各式菜餚上。

黑醋

原料為米、麴、水，也很適合於飲用。含有豐富的必須胺基酸，也是受歡迎的健康食品。

蘋果醋

用蘋果果汁加酵母製成的蘋果酒，加醋酸菌再釀酵製成的產品，常用在沙拉或義式醃漬。

義式醃漬

基本作法

材料（容易製作的分量）

燻鮭魚…100g
燙熟的章魚…50g
鮪魚…50g
鯛魚…50g
番茄…1 個
〈**義式醃漬液**〉
綜合生菜葉…1 袋

作法

①章魚、鮪魚、鯛魚切薄片，番茄切成一口大小。

②將食材和〈**義式醃漬液**〉放進大碗裡，用手搓揉拌勻，放進冰箱冷藏一晚。在盤裡鋪好綜合生菜葉，再盛上醃漬好的食材即可。

〈**義式醃漬液**〉

基本的醃漬液

適用於：魚貝類等

材料

醋…4 大匙、鹽…2 小匙
砂糖、橄欖油…各 2 大匙

作法

所有材料放進碗裡拌勻，加入喜歡的蔬菜和魚貝類醃漬使入味即可。

咖哩醃漬液

適用於：蔬菜、魚貝類

材料

醋…1/2 杯、咖哩粉…3 大匙
蜂蜜…2 大匙、鹽…2 小匙

作法

所有材料放進碗裡拌勻，加入喜歡的蔬菜和魚貝類醃漬使入味即可。

和風醃漬液

適用於：蔬菜等

材料

橄欖油…1 大匙、醬油…1 小匙
鹽…1/4 小匙、砂糖…少量

作法

所有材料放進碗裡拌勻，加入喜歡的蔬菜和魚貝類醃漬使入味即可。

南蠻漬

基本作法

材料（2 人份）

小竹筴魚…8 尾
鹽、胡椒粉…各適量
麵粉…適量
〈**南蠻醬**〉
紅蘿蔔…1/3 條
鴨兒芹…1/4 支

作法

①小竹筴魚刮掉兩側的硬鱗、取出內臟後，用水沖洗乾淨、確實瀝乾，撒上鹽和胡椒粉。把麵粉放進塑膠袋裡，放入小竹筴魚在袋裡均勻沾裹麵粉。

②炸油加熱到 170～180℃，放入小竹筴魚炸 4～5 分鐘。瀝乾油分後，馬上放進〈**南蠻醬**〉裡，加入紅蘿蔔絲醃漬 10 ～ 15 分鐘，最後加入切成 1 公分長的鴨兒芹，待全部入味後盛盤。

〈**南蠻醬**〉

基本的南蠻醬

適用於：雞肉、青魚等

材料

醋…2 大匙、高湯（或水）…2 大匙
醬油…1.5 大匙
砂糖…1 大匙、乾紅辣椒…1/2 條

作法

所有材料放進碗裡拌勻，在基本作法②浸漬炸好的食材即可。

香料蔬菜的清爽型南蠻醬

適用於：豬肉、雞肉、果菜類等

材料

蔥末…1 大匙、蒜末、薑末…各 1 瓣
醋、醬油、水…各 2 大匙、砂糖…1 大匙
芝麻油…1 小匙

作法

所有材料放進碗裡拌勻，在基本作法②浸漬炸好的食材即可。

義式南蠻醬

適用於：青魚、白肉魚等

材料

大蒜…1 瓣，橄欖油、白酒…各 5 大匙
醋…1/4 杯，砂糖、鹽…各 1 小匙

作法

大蒜用木鏟等拍碎，加入剩下的材料拌勻，在基本作法②浸漬炸好的食材即可。

生春捲

作法簡單到讓人感到意外
沾著異國風味的調味料
格外美味

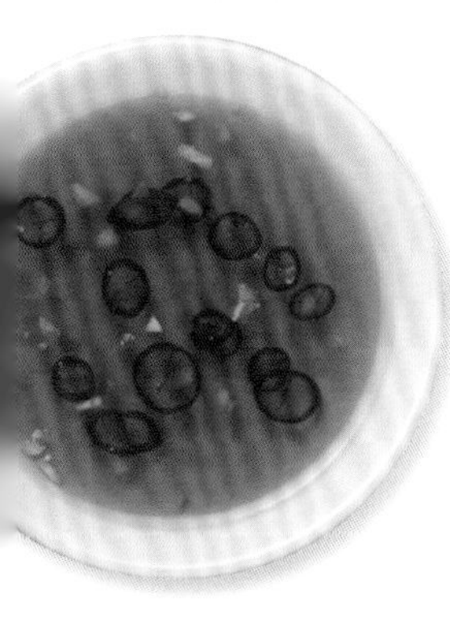

〈沾醬〉

魚露沾醬

材料
越南魚露、檸檬汁…各 1 大匙
蜂蜜…2 小匙
乾紅辣椒切末…1 條
蒜末…1 瓣
作法
所有材料拌勻即可。

甜辣醬沾醬

材料
醋、砂糖、水…各 2 大匙
泰式魚露…1 小匙
蒜泥…1 小瓣
生紅辣椒…0.5 ～ 1 條
太白粉水…1 小匙
作法
生紅辣椒放進袋子裡壓碎，所有材料放進耐熱容器裡拌勻，送進微波爐 (500W) 加熱約 1 分鐘。取出攪拌，待太白粉變透明再加熱 20 ～ 30 秒。

甜麵醬沾醬

材料
甜麵醬…1 大匙
泰式魚露…2 小匙、水…1 小匙
花生 (切碎末)…適量
作法
所有材料拌勻即可。

基本作法

材料（2 人份）
蝦…4 尾
小黃瓜…1/2 條
米紙…4 張
蘿蔔芽菜…1/2 盒
〈生春捲的沾醬〉
作法
①蝦子快速汆燙後去殼、厚度切半，小黃瓜縱切細絲。
②米紙的兩面用噴霧器加濕，平攤在較大的盤子上。
③將蝦、小黃瓜、蘿蔔芽菜分成 4 等分的量，放在米紙上捲起來，切成適口大小。盛盤，沾**〈生春捲的沾醬〉**享用。

甜辣醬

微辣加上甜味和酸味的醬汁。由於甜度很高，如果不喜歡可以減少砂糖用量。除了沾生春捲，也可以和美乃滋或芝麻油調配成沙拉醬，當作醃料醃漬肉類也很好吃。本書中介紹的是手作食譜，也有市售成品，家裡擁有一瓶，可使味覺更多彩。

調味料別索引

醬油

鹽

番茄醬

美乃滋

醋

柑橘醋

味噌

魚露

橄欖油

番茄

咖哩

芝麻

台灣廣廈國際出版集團
Taiwan Mansion International Group

國家圖書館出版品預行編目資料

大廚不外傳の黃金比例調醬祕訣571 / 學研編輯部作；鄭睿芝譯. -- 新北市
: 臺灣廣廈, 2016.09
面；　公分
ISBN 978-986-130-325-3(平裝)
1. 調味品 2. 食譜

427.61　　105010156

大廚不外傳の黃金比例調醬祕訣571

作　　者／學研編輯部
翻　　譯／鄭睿芝
編輯中心／第一編輯室
編 輯 長／張秀環・**編輯**／許秀妃
封面設計／呂佳芳
製版・印刷・裝訂／東豪・弼聖・秉成

發 行 人／江媛珍
法律顧問／第一國際法律事務所 余淑杏律師・北辰著作權事務所 蕭雄淋律師
出　　版／台灣廣廈有聲圖書有限公司
地址：新北市235中和區中山路二段359巷7號2樓
電話：（886）2-2225-5777・傳真：（886）2-2225-8052

行企研發中心總監／陳冠蒨
版 權 組／王淳蕙、孫瑛
行 銷 組／楊麗雯
地址：新北市235中和區中和路378巷5號2樓
電話：（886）2-2922-8181・傳真：（886）2-2929-5132

全球總經銷／知遠文化事業有限公司
地址：新北市222深坑區北深路三段155巷25號5樓
電話：（886）2-2664-8800・傳真：（886）2-2664-8801
網址：www.booknews.com.tw（博訊書網）
郵 政 劃 撥／劃撥帳號：18836722
劃撥戶名：知遠文化事業有限公司（※單次購書金額未達500元，請另付60元郵資。）

■出版日期：2016年09月
ISBN：978-986-130-325-3
版權所有，未經同意不得重製、轉載、翻印。

Tare Sauce no Kihon to Arrange 571
© Gakken Publishing 2014
First published in Japan 2014 by Gakken Publishing Co., Ltd., Tokyo
Traditional Chinese translation rights arranged with Gakken Plus Co., Ltd.
through Keio Cultural Enterprise Co., Ltd.